21 世纪高等职业教育计算机系列规划教材

U0122007

中文版 Photoshop CS4 平面设计实训案例教程

覃 俊 雷 波 编著

电子工业出版社

Publishing House of Electronics Industry

北京 · BEIJING

内 容 简 介

本书是一本全方位展示如何使用中文版 Photoshop CS4 进行设计与创意的理论结合实际案例的图书。本书从与商业设计的关系十分紧密的特效、创意及视觉表现入手，让读者充分了解 Photoshop 技术及一些常见的表现手法，然后针对广告、封面、包装、照片写真、宣传页、效果图后期处理及 LOGO 设计等常见应用领域，列举了多个典型实例，通过详细讲解与深入剖析，帮助读者了解其设计思路及制作技术。

本书不仅有较为丰富的设计理论相关知识的讲解，还有精美的设计案例解析，相信读者在学习本书后，不仅能够提高设计理论修养，而且能够获取一定的软件实际操作技能。

本书可作为高等院校开设设计课程的教材，也可以供从事 Photoshop 广告设计、平面创意、插画设计、数码照片处理和网页设计的人员自学和参考。

本书配有一张 DVD 光盘和电子教学课件，详见前言。

图书在版编目（CIP）数据

中文版 Photoshop CS4 平面设计实训案例教程 / 覃俊，雷波编著. —北京：电子工业出版社，2010.1
（21 世纪高等职业教育计算机系列规划教材）

ISBN 978-7-121-09792-8

I. 中… II.①覃…②雷… III.图形软件，Photoshop CS4－高等学校：技术学校－教材 IV.TP391.41

中国版本图书馆 CIP 数据核字（2009）第 198500 号

策划编辑：徐建军
责任编辑：徐　萍　　文字编辑：徐　磊
印　　刷：北京市海淀区四季青印刷厂
装　　订：涿州市桃园装订有限公司
出版发行：电子工业出版社
　　　　　北京市海淀区万寿路 173 信箱　邮编　100036
开　　本：787×1 092　1/16　印张：21.75　字数：557 千字
印　　次：2010 年 1 月第 1 次印刷
印　　数：4 000 册　　定价：35.00 元（含 DVD 光盘 1 张）

前　　言

Photoshop 的应用领域十分广泛，仅从商业设计领域来说，最具有代表性的有广告、封面、包装、照片写真、宣传页、LOGO 设计及效果图后期处理等，本书正是以这些领域作为讲解对象。

首先，为了让读者对 Photoshop 技术，以及一些常见的特效、创意和视觉表现有一定的了解，并为后面设计各类商业作品打下一个良好的基础，笔者专门安排了 3 章近 20 个实例，帮助读者进行学习。

第 4～10 章是本书的商业设计实例章节，笔者在各章中精选了一定数量的典型实例，并详细讲解了其设计理念、核心技能及操作方法，以帮助读者能够在设计和技术方面，双管齐下，达到更好的学习效果。

除了实例的讲解外，为帮助读者了解各行业的设计知识，笔者还专门讲解了各行业中最常用、最精华的内容，希望读者能够充分理解并掌握这些知识，并在日后的实际工作过程中灵活运用。

本书定位

如前所述，Photoshop 的应用领域难以计数，所以想要在一本图书中进行完整的讲解，无异于天方夜谭，即使本书挑选了最为精华的部分进行讲解，也难以一一尽述，所以本书的目的在于，通过理论与实例相结合的方式，再配合书中对于设计理念及软件技术的讲解，起到一个抛砖引玉的作用，让读者既能够掌握一定的设计方法，又能够锻炼软件技术。

本书资源

本书配有一张 DVD 光盘，其内容主要包含案例素材、设计素材和视频教程 3 部分。

案例素材包含了完整的案例及素材源文件，读者除了使用它们配合图书中的讲解进行学习外，也可以直接将之应用于商业作品中，以提高作品的质量。光盘还附送了大量的纹理、画笔及设计 PSD 等素材，可以帮助读者在设计过程中，更好更快地完成设计工作。笔者委托专业的讲师，针对本书中的典型案例，录制了多媒体视频教学课件，如果在学习中遇到问题可以通过观看这些多媒体视频来寻找答案，并提高学习效率。

另外，为了方便教学，本书还配有电子课件，相关教学资源请登录华信教育资源网www.hxedu.com.cn 免费下载。

学习环境

本书在编写过程中，笔者所使用的软件是 Photoshop CS4 中文版，操作系统为 Windows XP SP2，因此希望各位读者能够与笔者统一起来，以避免可能在学习中遇到的障碍。由于 Photoshop 软件具有向下兼容的特性，因此如果各位读者使用的是 Photoshop CS3 或以下版本，也能够使用本书学习，只是在局部操作方面可能略有差异，这一点希望引起各位读者的关注。

本书作者

本书在编写过程中得到了中南民族大学计算机科学学院领导的指导和支持。本书由覃俊、雷波组织编写，参加编写的还有李美、姜玉双、王锐敏、范玉婵、吴腾飞、徐波涛、刘小松、刘志伟、雷剑等。全书由覃俊、雷波统稿和审读。本书在编写过程中得到了各方面的大力支持，同时也参阅了许多参考资料，在此一并表示感谢。

由于作者水平有限，加上时间仓促，书中难免有不妥之处，敬请各位同行批评指正，以便我们在今后的修订中不断改进。笔者的邮箱是 Lbuser@126.com。

版权声明

本书光盘中的所载素材图像仅允许本书的购买者使用，不得销售、网络共享或做其他商业用途。

编　者

目　录

第1章 特效模拟

1.1 特效模拟概述

顾名思义，所谓的特效就是指图像的特殊效果。可以将特效大致分为三类，即图像特效、图形特效和文字特效。在本节中讲解的，主要是图形和图像特效。由于文字特效在很多领域中的特殊地位，以及在使用功能上的不同之处，故将其放在下节中讲解。

较为常见的特效表现手法包括碎边、立体、喷溅、焦点突出、质感模拟、形态重叠、散点化处理等。如图 1.1 所示就是一些特效设计作品。

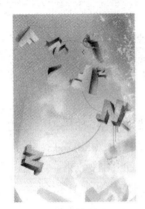

维度特效　　　　　　　质感模拟特效　　　　　　　散点特效

异边特效　　　　　　　　　　　　发光特效

图 1.1　特效设计作品

剪影特效 拼贴文字特效

图 1.1 特效设计作品（续）

下面分别列举一些常用的图像特效处理技术。

1．混合模式与蒙版技术

在特效设计领域中，混合模式与蒙版的作用仍然是融合图像及隐藏图像。不同的是，此时该功能被更多地应用于对自然事物（烟、雾、闪电等）、各种质感（冰、金属、火等）及特殊纹理进行模拟制作。

2．图层样式技术

Photoshop 中的每个图层样式都可以根据其特点制作出不同的特殊效果，如模拟图像的立体效果、模拟金属表面的光泽效果、模拟物体的发光效果，以及模拟图像凹陷的效果等。如果将这些图层样式组合起来使用，那么就可以得到更多、更为丰富的图像效果。

如图 1.2 中所示的浮雕、投影、雕刻及发光等效果都可以利用图层样式制作得到。

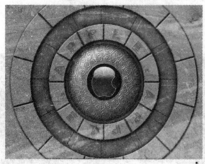 

图 1.2 浮雕、投影、雕刻及发光等效果

3．滤镜技术

Photoshop 附带了十几个分类共上百种各具特色的滤镜，其中每个滤镜都可以制作出不同的图像效果，再配合图层样式、混合模式及图层蒙版等技术，就可以制作出无数的特殊效果。

如图 1.3 左图所示为原图像，中图为处理后的效果，右图为局部放大效果。这主要是利用"玻璃"滤镜对图像进行扭曲处理，并结合混合模式及蒙版功能进行融合处理制作得到的。

图 1.3　图像处理效果前后对比

需要特别指出的是，"滤镜"丨"液化"命令也是一个大型的"特效处理器"，其功能特点就在于可以对图像进行各种变形处理，所以也是在处理特效时经常会用到的功能。

4．通道技术

通道是选区的载体，可以将选区（即所转换的黑白图像）处理成各种特殊的形态。有了特殊的选区就等同于有了特殊的图像，再配合其他功能一同处理，很容易就可以制作得到多种特效了。

另外，结合上面提到的滤镜功能，通道技术有助于模拟很多种特殊的纹理，或者得到类似的特殊选区。如图 1.4 所示为原图像，如图 1.5 所示是结合通道与"光照效果"滤镜模拟得到的岩石纹理效果。如果能够再结合蒙版、混合模式等技术进行深入的处理，那么还可以得到更逼真的效果。

图 1.4　原图像　　　　　　　　　　图 1.5　处理后图像

5．位图/矢量绘画技术

虽然位图/矢量绘画都是用于创建图像的功能，但通过设置适当的参数配合其他功能一并使用，也可以制作出很多种特殊效果。如图 1.6 所示就是一些相关的设计实例。

图 1.6　设计实例

6．3D 技术

3D 功能允许 Photoshop 导入 3DS 格式的 3D 模型文件。在最新的 Photoshop CS4 中，它还增加了一些创建模型的功能，以便于用户进行更多的模型处理及相关操作。

当然，Photoshop 是一个在使用方法方面非常灵活的软件，除了使用上面所讲述的各个主要技术可以制作出特效图像外，使用变换并复制操作、变形操作，甚至通过将灰度模式的图像转换成为位图模式的图像等都可以创作出不同效果的特效图像，因此各位读者应该在学习中不断摸索、不断总结。

1.2　血　滴　字

例前导读：

在设计中，大多数情况血都是杀戮与黑暗的象征。在设计作品中血也常常被用来渲染魔幻、恐怖的气氛，尤其在游戏类软件的界面、海报及壁纸中更是经常用到。

核心技能：

● 利用图层蒙版功能隐藏不需要的图像。
● 结合通道、"风"及"色阶"命令等制作艺术化选区。
● 利用添加图层样式的功能制作图像的立体、发光等效果。
● 通过设置图层属性以混合图像。
● 应用"图像旋转"命令旋转画布方向。

 效果文件
　　光盘\第 1 章\1.2.psd。

操作步骤：

（1）按 Ctrl+N 组合键新建一个文件，在弹出的对话框中设置文件的大小为 1550 像素×492 像素，分辨率为 72 像素/英寸，背景色为白色，颜色模式为 8 位的 RGB 模式，单击"确定"按钮退出对话框。设置前景色的颜色值为 8B0000。

（2）选择横排文字工具 T，并在其工具选项条中设置适当的字体和字号，输入如图 1.7 所示的文字，并得到一个与输入文字相对应的文字图层。

图 1.7　输入文字

（3）打开随书所附光盘中的文件"第 1 章\1.2-素材 1.psd"，按 Ctrl+A 组合键执行"全选"操作，按 Ctrl+C 组合键执行"复制"操作，返回第（1）步新建的文件中按 Ctrl+V 组合键执行"粘贴"操作，得到一个新的图层为"图层 1"。

（4）按 Ctrl+T 组合键调出自由变换控制框，按住 Shift 键拖动自由变换控制句柄以缩小图像，按 Enter 键确认变换操作，并使用移动工具 将其置于开头字母 "A" 的底部，得到如图 1.8 所示的效果。

（5）设置前景色的颜色值为 8B0000，按住 Ctrl 键单击"图层 1"的图层缩览图以载入其选区，按 Alt+Del 组合键用前景色填充选区，按 Ctrl+D 组合键取消选区，得到如图 1.9 所示的效果。

（6）单击添加图层蒙版命令按钮 ，为"图层 1"添加图层蒙版。设置前景色的颜色为黑色，选择画笔工具 ，并在其工具选项条中设置适当的画笔大小，按如图 1.10 所示的效果进行涂抹。

图 1.8　调整后的效果　　　图 1.9　填充后的效果　　　图 1.10　添加图层蒙版后的效果

（7）重复第（3）～（6）步的操作方法，制作出如图 1.11 所示的效果。此时的"图层"面板如图 1.12 所示。

图 1.11　制作完成后的效果　　　　　　　图 1.12　"图层"面板

（8）选择除"背景"图层外的所有图层，按 Ctrl+E 组合键执行"合并图层"操作，并将合并后的图层重命名为"图层 1"。

（9）按住 Ctrl 键单击"图层 1"的图层缩览图以载入其选区，切换至"通道"面板，单击鼠标将选区存储为通道命令按钮 ，得到一个新的通道为 "Alpha 1"，按 Ctrl+D 组合键取消选区。

（10）复制 "Alpha 1" 得到 "Alpha 1 副本"，并选择 "Alpha 1"，选择"图像" | "图像旋转" | "90 度顺时针"命令，从而将画布顺时针旋转 90 度。

（11）选择"滤镜" | "风格化" | "风"命令，在弹出的对话框中设置参数，得到如图 1.13 所示的效果。按 Ctrl+F 组合键两次，重复执行"风"操作，得到如图 1.14 所示的效果。

图 1.13　应用"风"命令后的效果

图 1.14　重复执行"风"操作后的效果

提示
为了便于读者观看，只显示了局部效果。

（12）选择"图像"｜"图像旋转"｜"90 度逆时针"命令，将画布逆时针旋转 90 度。

（13）选择"滤镜"｜"模糊"｜"高斯模糊"命令，在弹出的对话框中设置"半径"数值为 3，得到如图 1.15 所示的效果。

（14）按 Ctrl+L 组合键应用"色阶"命令，在弹出的对话框中设置参数，得到如图 1.16 所示的效果。

图 1.15　应用"高斯模糊"命令后的效果

图 1.16　应用"色阶"命令后的效果

（15）按住 Ctrl 键单击"Alpha 1"的缩览图以载入其选区，返回"图层"面板，设置前景色的颜色值为 8B0000。

（16）新建一个图层为"图层 2"，按 Alt+Del 组合键用前景色填充选区，按 Ctrl+D 组合键取消选区，并隐藏"图层 1"，得到如图 1.17 所示的效果。

图 1.17　填充选区后的效果

（17）打开随书所附光盘中的文件"第 1 章\1.2-素材 2.asl"，选择"窗口"｜"样式"命令，以显示"样式"面板，选择刚打开的样式（通常是面板中的最后一个）为"图层 2"

应用样式，此时图像效果如图 1.18 所示。局部效果如图 1.19 所示。

图 1.18 应用图层样式后的效果

（18）切换至"通道"面板并选择"Alpha 1 副本"，选择"滤镜"|"模糊"|"高斯模糊"命令，在弹出的对话框中设置"半径"数值为 10，得到如图 1.20 所示的效果。

图 1.19 局部效果

图 1.20 应用"高斯模糊"命令后的效果

（19）按 Ctrl+M 组合键应用"曲线"命令，设置弹出的对话框，如图 1.21 所示，得到如图 1.22 所示的效果。

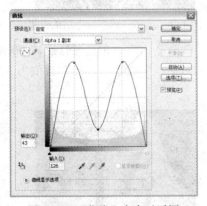

图 1.21 "曲线"命令对话框

图 1.22 应用"曲线"命令后的效果

（20）按 Ctrl+L 组合键应用"色阶"命令，设置弹出的对话框，如图 1.23 所示，得到如图 1.24 所示的效果。

（21）选择"图像"|"图像旋转"|"90 度顺时针"命令，将画布顺时针旋转 90 度。选择"滤镜"|"风格化"|"风"命令，设置弹出的对话框，如图 1.25 所示，得到如图 1.26 所示的效果。按 Ctrl+F 组合键两次，重复执行"风"操作，得到如图 1.27 所示的效果。

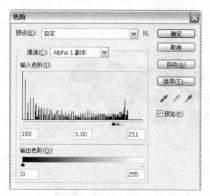

图 1.23　"色阶"命令对话框

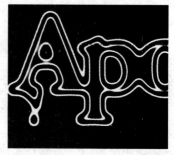

图 1.24　应用"色阶"命令后的效果

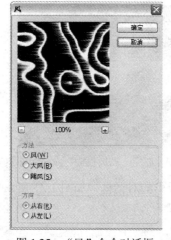

图 1.25　"风"命令对话框

图 1.26　应用"风"命令后的效果

（22）选择"图像"|"图像旋转"|"90 度逆时针"命令，将画布逆时针旋转 90 度。选择"滤镜"|"模糊"|"高斯模糊"命令，在弹出的对话框中设置"半径"数值为 3，得到如图 1.28 所示的效果。

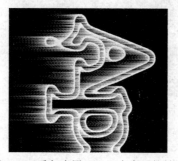

图 1.27　重复应用"风"命令后的效果

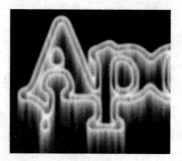

图 1.28　应用"高斯模糊"命令后的效果

（23）选择"滤镜"|"素描"|"图章"命令，设置弹出的对话框，如图 1.29 所示，得到如图 1.30 所示的效果。

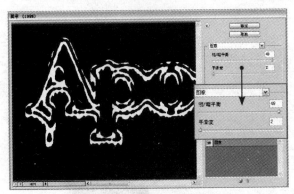

图 1.29 "图章"命令对话框　　　　　　　　图 1.30 应用"图章"命令后的效果

（24）按住 Ctrl 键单击"Alpha 1 副本"的缩览图以载入其选区，返回"图层"面板，设置前景色的颜色值为 EB2A2A。

（25）在所有图层上方新建一个图层为"图层 3"，按 Alt+Del 组合键用前景色填充选区，按 Ctrl+D 组合键取消选区，得到如图 1.31 所示的效果（为了便于读者观看，笔者只显示了局部效果）。

（26）打开随书所附光盘中的文件"第 1 章\1.2-素材 3.asl"，显示"样式"面板，选择刚打开的样式为"图层 3"应用样式，此时图像效果如图 1.32 所示。

图 1.31 填充选区后的效果　　　　　　　　图 1.32 应用图层样式后的效果

（27）按住 Ctrl 键单击"图层 2"的图层缩览以载入其选区，选择"图层 3"并单击添加图层蒙版命令按钮 ，得到如图 1.33 所示的效果。

（28）设置"图层 3"的图层混合模式为"柔光"，得到如图 1.34 所示的效果。如图 1.35 所示为本例的整体效果。如图 1.36 所示为本例的应用效果。

图 1.33 添加图层蒙版后的效果　　　　　　图 1.34 设置图层混合模式后的效果

图 1.35　整体效果

图 1.36　应用效果

1.3　凸起透空字

例前导读：

此特效文字综合运用了为文字增加金属质感的方法、制作立体文字的方法，以及制作变形文字的方法，在制作过程中使用了"添加杂色"和"动感模糊"命令，以及"斜面和浮雕"图层样式。

核心技能：

● 应用"添加杂色"命令，为图像添加杂色效果。

● 应用"动感模糊"命令，制作图像的模糊效果。

● 通过设置图层属性以混合图像。

● 利用添加图层样式的功能制作图像的立体、阴影等效果。

● 利用图层蒙版功能隐藏不需要的图像。

效果文件

　光盘\第 1 章\1.3.psd。

操作步骤：

（1）按 **Ctrl+N** 组合键新建一个文件，设置弹出的对话框，如图 1.37 所示。

（2）新建一个图层为"图层 1"，选择线性渐变工具 ，并在其工具选项条中单击渐变类型选择，在弹出的对话框中设置其颜色块的颜色值为 767677 和 CAC9C9，从左至右绘制渐变，得到如图 1.38 所示的效果。

图 1.37 "新建"命令对话框

图 1.38 绘制渐变

（3）复制"图层 1"得到"图层 1 副本"，设置前景色为白色，按 Alt+Del 组合键用前景色填充"图层 1 副本"。选择"滤镜"|"杂色"|"添加杂色"命令，设置弹出的对话框，如图 1.39 所示，得到如图 1.40 所示的效果。

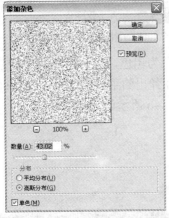

图 1.39 "添加杂色"对话框

图 1.40 应用"添加杂色"命令后的效果

（4）选择"滤镜"|"模糊"|"动感模糊"命令，设置弹出的对话框，如图 1.41 所示，并设置"图层 1 副本"的混合模式为"正片叠底"，得到如图 1.42 所示的效果。

图 1.41 "动感模糊"对话框

图 1.42 应用"动感模糊"命令后的效果

（5）链接"图层 1"和"图层 1 副本"，按 Ctrl+E 组合键执行"合并链接图层"操作，并将合并后的图层重命名为"图层 1"。

（6）单击添加图层样式命令按钮 _fx_，在弹出的菜单中选择"斜面和浮雕"命令，设置弹出的对话框，如图 1.43 所示，得到如图 1.44 所示的效果。

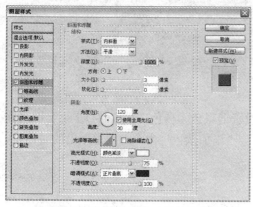

图 1.43　"斜面和浮雕"命令对话框　　　　　图 1.44　应用图层样式后的效果

（7）新建一个图层为"图层 2"，设置前景色的颜色为黑色，按 Alt+Del 组合键用前景色填充当前图层。单击添加图层样式命令按钮 _fx_，在弹出的菜单中选择"斜面和浮雕"命令，设置弹出的对话框，如图 1.45 所示，得到如图 1.46 所示的效果。

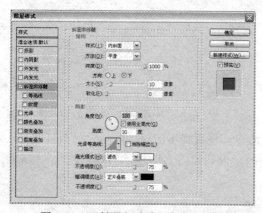

图 1.45　"斜面和浮雕"命令对话框　　　　　图 1.46　应用图层样式后的效果

（8）单击添加图层蒙版命令按钮 ⬚ 为"图层 2"添加图层蒙版。选择"图层 2"的图层蒙版，选择"滤镜"|"渲染"|"云彩"命令，得到如图 1.47 所示的效果，此时图层蒙版中的状态如图 1.48 所示。

图 1.47　应用"云彩"命令后的效果　　　　　图 1.48　图层蒙版中的状态

（9）选择"图层 2"，按 Shift+Ctrl+Alt+E 组合键将文件中所有显示的图像合并复制到当前图层中，此时的"图层"面板如图 1.49 所示。

图 1.49 "图层"面板

（10）选择矩形选框工具 ，绘制一个如图 1.50 所示的矩形选区，单击添加图层蒙版命令按钮 为"图层 2"添加图层蒙版，得到如图 1.51 所示的效果。

图 1.50 绘制矩形选区

图 1.51 添加图层蒙版后的效果

（11）单击添加图层样式命令按钮 fx，在弹出的菜单中选择"内阴影"命令，设置弹出的对话框，如图 1.52 所示。再在该对话框中选择"斜面和浮雕"选项，设置其对话框，如图 1.53 所示，得到如图 1.54 所示的效果。

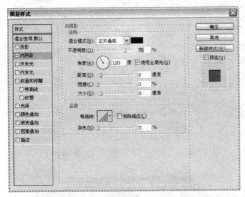

图 1.52 "内阴影"命令对话框

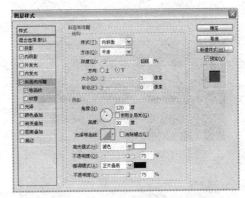

图 1.53 "斜面和浮雕"命令对话框

（12）使用矩形选框工具 ，绘制一个如图 1.55 所示的选区，选择"图层 1"，按 Ctrl+J 组合键执行"通过拷贝的图层"操作，得到一个新的图层为"图层 3"。

图 1.54 应用图层样式后的效果

图 1.55 绘制矩形选区

（13）选择横排文字蒙版工具 ，并在其工具选项条中设置适当的字体和字号，输入"S'RAIN"，得到如图 1.56 所示的选区。

（14）单击添加图层蒙版命令按钮 为"图层 3"添加图层蒙版，得到如图 1.57 所示的效果。

图 1.56　创建文字选区

图 1.57　添加图层蒙版后的效果

（15）选择横排文字工具 T.并在其工具选项条中设置适当的字体和字号，在图像的右下角输入"The Rain in The Sunshine"，得到一个以输入的内容命名的文字图层，其效果如图 1.58 所示。

（16）设置上一步输入的文字图层的填充数值为 0%，单击添加图层样式命令按钮 fx.，在弹出的菜单中选择"斜面和浮雕"命令，设置弹出的对话框，如图 1.59 所示，得到如图 1.60 所示的最终效果。"图层"面板如图 1.61 所示。

图 1.58　输入英文内容

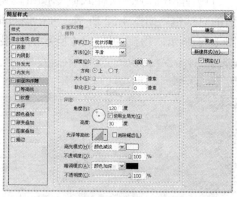

图 1.59　"斜面和浮雕"命令对话框

图 1.60　最终效果

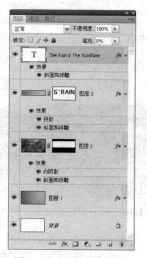

图 1.61　"图层"面板

如图 1.62 所示是为图像添加了背景后的效果。

图 1.62 为图像添加背景后的效果

1.4 凸起铁牌字

例前导读：

凸起铁牌字综合运用了为文字增加金属质感的方法和为文字增加立体效果的方法，是一类常用、常见的特效文字。

核心技能：

- 结合通道以滤镜功能中的"光照效果"命令，制作立体图像效果。
- 应用"内发光"命令，制作图像的发光效果。
- 使用形状工具绘制形状。
- 利用图层蒙版功能隐藏不需要的图像。

 效果文件
光盘\第 1 章\1.4.psd。

操作步骤：

（1）按 Ctrl+N 组合键新建一个文件，在弹出的对话框中设置文件的大小为 6.5 厘米×3.8 厘米，分辨率为 300 像素/英寸，背景色为白色，颜色模式为 8 位的 RGB 模式，单击"确定"按钮退出对话框。

（2）切换至"通道"面板，新建一个通道为"Alpha 1"，在工具箱中选择圆角矩形工具，设置其工具选项条，如图 1.63 所示。

图 1.63 圆角矩形工具选项条

（3）在图像中绘制如图 1.64 所示的圆角矩形，复制"Alpha 1"为"Alpha 1 副本"。按住 Ctrl 单击"Alpha 1 副本"，以调出其保存的选择区域。选择"滤镜"|"模糊"|"高斯模糊"命令，在弹出的对话框中设置"半径"数值为 16，单击"确定"按钮退出对话框。

（4）重复选择"滤镜"|"模糊"|"高斯模糊"命令 4 次，依次在弹出的对话框中输入数值 8、4、2、1。

（5）按 Ctrl+D 组合键取消选区，再次选择"滤镜"|"模糊"|"高斯模糊"命令，在弹出的对话框的数值输入框中输入数值 1，得到如图 1.65 所示的效果。

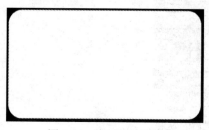

图 1.64　绘制圆角矩形

图 1.65　模糊后的效果

（6）按住 Ctrl 键单击"Alpha"以调出其保存的选择区域，切换至"图层"面板，创建一个新图层为"图层 1"，设置前景色为 999999，按 Alt+Del 组合键为选择区域填充前景色，按 Ctrl+D 组合键取消选区。

（7）选择"滤镜"|"渲染"|"光照效果"命令，设置弹出的对话框，如图 1.66 所示，得到如图 1.67 所示的效果。

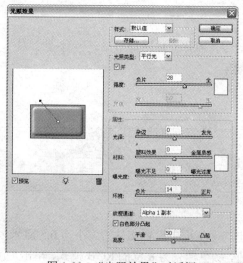

图 1.66　"光照效果"对话框

图 1.67　应用"光照效果"命令后的效果

（8）单击添加图层样式命令按钮 *fx.*，在弹出的菜单中选择"内发光"命令，设置弹出的对话框，如图 1.68 所示，得到如图 1.69 所示的效果。

（9）打开随书所附光盘中的文件"第 1 章\1.4-素材 1.tif"，如图 1.70 所示。使用移动工具 将素材图像拖至当前操作的图像中，得到"图层 2"，将此图层的混合模式设置为"柔光"，按 Ctrl+G 组合键执行创建剪贴蒙版操作，得到图 1.71 所示的效果。

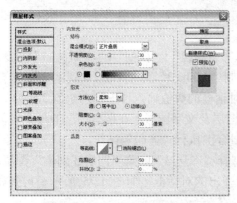

图 1.68 "内发光"对话框

图 1.69 应用"内发光"命令后的效果

图 1.70 素材图像

图 1.71 执行创建剪贴蒙版操作后的效果

（10）选择横排文字工具 **T**，并在其工具选项条中设置适当的字体和字号，在图像的中间位置输入"Dave Kate"。

（11）在工具箱中选择自定形状工具 ，设置其工具选项条，如图 1.72 所示。绘制如图 1.73 所示的一排装饰图形，得到一个名为"形状 1"的形状图层。

图 1.72 自定形状工具的工具选项条

（12）使用路径选择工具 选择上一步绘制的形状路径，按 Alt+Ctrl+T 组合键执行复制并变换操作，在出现在路径周围的变换控制框上单击鼠标右键，在弹出的右键菜单中选择"垂直翻转"命令，将复制得到的装饰图形向下移动，得到图 1.74 所示的效果。

图 1.73 绘制装饰图形

图 1.74 复制装饰图形后的效果

（13）按住 Ctrl 键单击图层"形状 1"，切换至"通道"面板，单击将选区存储为通道按钮 ，得到通道"Alpha 2"。

（14）复制"Alpha 2"为"Alpha 2 副本"，选择"滤镜"|"模糊"|"高斯模糊"命令，在弹出的对话框的数值输入框中输入数值 3.5。复制"Alpha 2"为"Alpha 2 副本 2"，选择"滤镜"|"模糊"|"高斯模糊"命令，在弹出的对话框的数值输入框中输入数值 2。

（15）切换至"图层"面板，按住 Ctrl 键单击文字图层，切换至"通道"面板，单击将选区存储为通道按钮 ，得到通道"Alpha 3"。

（16）复制"Alpha 3"为"Alpha 3 副本"，选择"滤镜"|"模糊"|"高斯模糊"命令，在弹出的对话框的数值输入框中输入数值 10。复制"Alpha 3"为"Alpha 3 副本 2"，选择"滤镜"|"模糊"|"高斯模糊"命令，在弹出的对话框的数值输入框中输入数值 3.5。

（17）切换至"图层"面板，隐藏"形状 1"图层及文字图层，在所有图层的最上方创建一个新图层为"图层 3"，按 Ctrl+Shift+Alt+E 组合键执行"盖印"操作。

（18）复制"图层 3"得到"图层 3 副本"，选择"图层 3"隐藏"图层 3 副本"图层。选择"滤镜"|"渲染"|"光照效果"命令，设置弹出的对话框，如图 1.75 所示，得到如图 1.76 所示的效果。

（19）再次选择"滤镜"|"渲染"|"光照效果"命令，在弹出的对话框中的"纹理通道"下拉列表菜单中选择"Alpha 3 副本"，其他参数保持不变，得到如图 1.77 所示的效果。

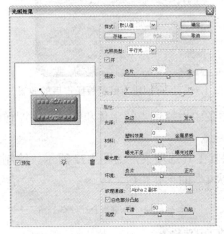

图 1.75　"光照效果"对话框

图 1.76　应用"光照效果"后的效果

图 1.77　再次应用"光照效果"后的效果

（20）显示"图层 3 副本"图层，选择"滤镜"|"渲染"|"光照效果"命令，设置弹出的对话框，如图 1.78 所示，得到如图 1.79 所示的效果。

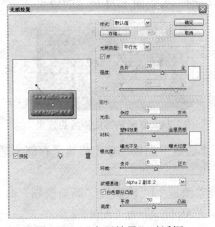

图 1.78　"光照效果"对话框

图 1.79　应用"光照效果"命令后的效果

（21）再次选择"滤镜"|"渲染"|"光照效果"命令，在弹出的对话框中的"纹理通道"下拉列表菜单中选择"Alpha 3 副本 2"，其他参数保持不变，得到如图 1.80 所示的效果。

（22）按住 Ctrl 键单击图层"形状 1"，按住 Ctrl+Shift 组合键单击文字，得到两个图层相加的选择区域，选择"选择"|"修改"|"扩展"命令，在弹出的对话框中输入 2，选择"选择"|"羽化"命令，在弹出的对话框中输入 2。

（23）选择"图层 3 副本"单击添加图层蒙版命令按钮 ，得到如图 1.81 所示的效果。"图层"面板如图 1.82 所示。

图 1.80　再次应用"光照效果"命令后的效果

图 1.81　添加图层蒙版后的效果

如图 1.83 所示为此文字的应用效果。

图 1.82　"图层"面板

图 1.83　应用效果

1.5　包装字体设计

例前导读：

本例是一则为冰激凌包装设计字体的案例，可以通过选择较为卡通、圆滑的字体和添加图层样式，将文字制作为较为圆滑透亮的效果，以表现出冰激凌的冰爽可口。

核心技能：

- 应用"盖印"命令合并可见图层中的图像。
- 利用添加图层样式的功能制作图像的立体、投影等效果。
- 应用"色相/饱和度"调整图像的色相及饱和度。
- 利用变换功能调整图像的大小、角度及位置。

效果文件
光盘\第 1 章\1.5-2.psd。

操作步骤:

第一部分　制作文字

（1）按 Ctrl+N 组合键新建一个文件，设置弹出的对话框，如图 1.84 所示。

（2）设置前景色的颜色值为 FFCC66，选择横排文字工具 **T**，并在其工具选项条中设置适当的字体与字号，在画布的中间输入如图 1.85 所示的文字。

图 1.84　"新建"命令对话框　　　　　　　　　　　　　图 1.85　输入文字

（3）新建一个图层为"图层 1"，设置前景色的颜色值为 FFCC 66，选择画笔工具 **✐**，并在其工具选项条中设置适当的画笔大小，在文字的旁边绘制如图 1.86 所示的类似水珠的图案。

（4）按 Ctrl+Alt+A 组合键选择除"背景"图层以外的所有图层，按 Ctrl+Alt+E 组合键执行"盖印"操作，将合并后的图层重命名为"图层 2"。

（5）单击添加图层样式命令按钮 **fx**，在弹出的菜单中选择"斜面和浮雕"命令，设置弹出的对话框，如图 1.87 所示，在对话框中分别选择"等高线"选项，并设置其对话框，如图 1.88 所示。在菜单中再选择"投影"命令，其对话框如图 1.89 所示。最终得到如图 1.90 所示的效果。

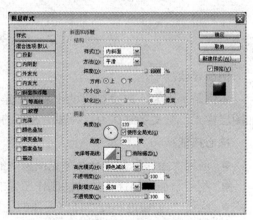

图 1.86　绘制图形　　　　　　　　　图 1.87　"斜面和浮雕"命令对话框

图 1.88 "等高线"命令对话框

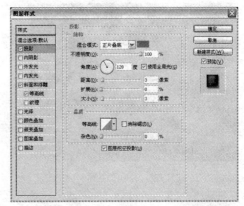

图 1.89 "投影"命令对话框

提示

　　在"等高线"选项对话框中,"等高线编辑器"命令对话框的状态如图 1.91 所示,在"投影"命令对话框中,色块的颜色值为 CC6600。

图 1.90 添加图层样式后的效果

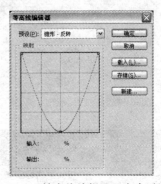

图 1.91 "等高线编辑器"命令对话框

第二部分 包装文字实际应用

　　(1)打开随书所附光盘中的文件"第 1 章\1.5-素材.tif",如图 1.92 所示。返回至第一部分新建的文件当中,按 Ctrl+Alt+A 组合键选择除"背景"图层以外的所有图层,按 Ctrl+Alt+E 组合键执行"盖印"操作,将合并后的图层重命名为"图层 3"。

　　(2)使用移动工具 ▶╋ 将"图层 3"移至上一步打开的素材文件当中,得到"图层 1",按 Ctrl+T 组合键调出自由变换控制框,按住 Shift 键缩小图像并顺时针旋转 5.5 度,移至包装的花框中,如图 1.93 所示,按 Enter 键确认变换操作。

　　(3)复制"图层 1"得到"图层 1 副本",按 Ctrl+T 组合键调出自由变换控制框,逆时针旋转 32.5 度,并移至左侧包装的花框中,如图 1.94 所示,按 Enter 键确认变换操作。

　　(4)单击创建新的填充或调整图层命令按钮 ◕. ,在弹出的菜单中选择"色相/饱和度"命令,设置弹出的面板,如图 1.95 所示。按 Ctrl+Alt+G 组合键执行"创建剪贴蒙版"操作,得到如图 1.96 所示的效果,此时的"图层"面板如图 1.97 所示。

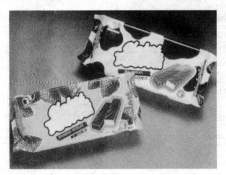

图 1.92　素材图像

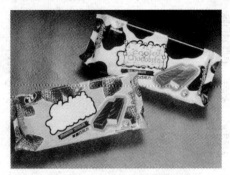

图 1.93　变换图像

图 1.94　复制并变换图像

图 1.95　"色相/饱和度"面板

图 1.96　最终效果

图 1.97　"图层"面板的状态

1.6　心形插画特效表现

例前导读：

　　本例是以心形插画为主题的特效表现作品。在制作的过程中，主要以制作心形图像为核心内容。另外，精美的花纹及线圈图像对心形的装饰也起着很好的美化功效，"心"中的彩鸟及飘落的枫叶使人眼前一亮，有种画龙点睛的味道，给人一种脱俗般的美。

核心技能：

- 应用"变形"命令使图像变形。
- 利用混合颜色带融合图像。
- 利用图层蒙版功能隐藏不需要的图像。
- 结合路径及渐变填充图层的功能制作图像的渐变效果。
- 应用"渐变叠加"命令，制作图像的渐变效果。
- 结合路径及用画笔描边路径的功能，为所绘制的路径描边。
- 结合画笔工具及特殊画笔素材绘制图像。
- 应用"黑白"命令制作图像的黑色效果。

效果文件
光盘\第 1 章\1.6.psd。

操作步骤：

（1）按 Ctrl+N 组合键新建一个文件，设置弹出的对话框如图 1.98 所示，单击"确定"按钮退出对话框，以创建一个新的空白文件。

提示
下面将利用素材图像，结合变形、混合选项，以及图层蒙版等功能，制作心形图像。

（2）打开随书所附光盘中的文件"第 1 章\1.6-素材 1.psd"，如图 1.99 所示。使用移动工具 将其拖至第（1）步打开的文件中，得到"图层 1"。在此图层的名称上单击鼠标右键，在弹出的菜单中选择"转换为智能对象"命令，从而将其转换成为智能对象图层。

图 1.98 "新建"对话框

图 1.99 素材图像

提示
转换成智能对象图层的目的是，在后面将对"图层 1"图层中的图像进行变形操作，而智能对象图层可以记录下所有的变形参数，以便于我们进行反复的调整。

（3）按 Ctrl+T 组合键调出自由变换控制框，按 Shift 键向内拖动控制句柄以缩小图像及移动位置（画布的左侧），然后在控制框内单击鼠标右键，在弹出的菜单中选择"变形"命令，在控制区域内拖动使图像变形，如图 1.100 所示。按 Enter 键确认操作。

（4）单击添加图层样式按钮 $fx_{\cdot}$，在弹出的菜单中选择"混合选项"命令，设置弹出的对话框，如图 1.101 所示，得到的效果如图 1.102 所示。

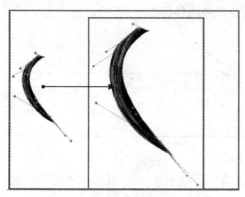

图 1.100　变形状态

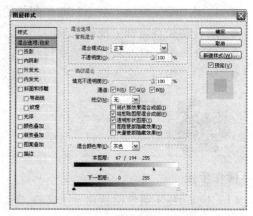

图 1.101　"混合选项"命令对话框

提示

在"图层样式"对话框中下方的混合颜色带中，只有按 Alt 键才能分开三角滑块。

（5）复制"图层 1"得到"图层 1 副本"，按照第（3）步的操作方法执行"变形"命令，使图像再次变形，状态如图 1.103 所示。按 Enter 键确认操作。重复本步的操作，制作下方的曲线图像，如图 1.104 所示。同时得到"图层 1 副本 2"。

图 1.102　应用"混合选项"
后的效果

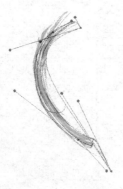

图 1.103　变形状态

图 1.104　复制及变换图像

提示

本步中关于图像的变形状态请参见最终效果源文件。在下面的操作中，会多次应用到"变形"的功能，笔者将不再做相关的提示。

（6）单击添加图层蒙版按钮 为 "图层 1 副本 2" 添加蒙版，设置前景色为黑色。选择画笔工具 ✎ ，在其工具选项条中设置适当的画笔大小及不透明度，在图层蒙版中进行涂抹，以便将左侧的图像隐藏起来，直至得到如图 1.105 所示的效果为止。

（7）按照第（5）～（6）步的操作方法，结合复制图层、变形，以及图层蒙版的功能，制作上方的曲线图像，如图 1.106 所示。同时得到 "图层 1 副本 3"。

（8）按照第（6）步的操作方法，分别为 "图层 1" 和 "图层 1 副本" 添加蒙版，以便将部分多余的图像隐藏起来，得到的效果如图 1.107 所示。"图层" 面板如图 1.108 所示。

图 1.105　添加图层蒙版后的效果　　图 1.106　制作上方的曲线图像　　图 1.107　添加图层蒙版后的效果

提示

　　本步中为了方便图层的管理，在此将制作的左侧心形的图层选中，按 Ctrl+G 组合键执行 "图层编组" 操作得到 "组 1"，并将其重命名为 "左心"。在下面的操作中，笔者也对各部分进行了编组的操作，在步骤中不再叙述。

（9）按照第（5）～（6）步的操作方法，制作右侧的心形图像，如图 1.109 所示。"图层" 面板如图 1.110 所示。

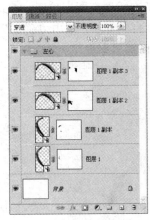

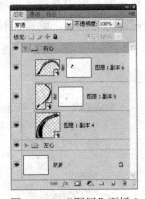

图 1.108　"图层" 面板 1　　　图 1.109　制作右侧的心形图像　　　图 1.110　"图层" 面板 2

提示
　　至此，心形图像的大致轮廓已经画出来了。下面来完善图像的细节。

　　（10）选择"背景"图层作为当前的工作层，结合复制图层、图层蒙版及变形等功能，制作心形右侧的曲线，以及底部两端的花卷图像，如图 1.111 所示。"图层"面板如图 1.112 所示。

　　（11）选择钢笔工具 ，在工具选项条上选择路径按钮 ，在心形图像的左下方绘制如图 1.113 所示的路径。

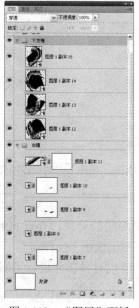

图 1.111　制作其他图像　　　　图 1.112　"图层"面板　　　　图 1.113　绘制路径

　　（12）选择"背景"图层作为当前的工作层，单击创建新的填充或调整图层按钮 ，在弹出的菜单中选择"渐变"命令，设置弹出的对话框，如图 1.114 所示。单击"确定"按钮退出对话框，隐藏路径后的效果如图 1.115 所示，同时得到图层"渐变填充 1"。

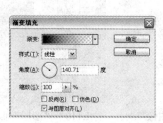

图 1.114　"渐变填充"对话框　　　　　　图 1.115　应用"渐变填充"后的效果

提示

在"渐变填充"对话框中，渐变类型为"从黑色到透明"。下面来调整图像的色彩。

（13）选中组"右横"到组"右心"，按 Ctrl+G 组合键执行"图层编组"操作，并将得到的组重命名为"心"。设置此组的混合模式为"正常"，可以使该组中所有的调整图层及混合模式只针对该组内的图像起作用。

（14）选择组"右心"作为操作对象，单击创建新的填充或调整图层按钮，在弹出的菜单中选择"黑白"命令，得到图层"黑白1"，设置弹出的面板，如图 1.116 所示，得到如图 1.117 所示的效果。

图 1.116 "黑白"面板   图 1.117 应用"黑白"命令后的效果

（15）按照第（6）步的操作方法，为组"心"添加蒙版，应用画笔工具 在蒙版中进行涂抹，以便将上方的部分图像隐藏起来，得到的效果如图 1.118 所示。

（16）收拢并选择组"心"，按 Shift 键单击当前图层蒙版缩览图以停用图层蒙版，按 Ctrl+Alt+E 组合键执行"盖印"操作，从而将选中图层中的图像合并至一个新图层中，并将其重命名为"图层2"。再次单击组"心"图层蒙版缩览图以启用图层蒙版。此时图像效果如图 1.119 所示。

图 1.118 添加图层蒙版后的效果   图 1.119 盖印后的图像状态

（17）单击"图层 2"图层蒙版缩览图以启用图层蒙版，按 D 键将前景色和背景色恢复为默认的黑、白色，按 Ctrl+Del 组合键以背景色填充蒙版，按照第（6）步的操作方法，应用画笔工具 在蒙版中进行涂抹，以便将左上方的部分图像隐藏起来，得到的效果如图 1.120 所示。

（18）单击添加图层样式按钮 _fx_，在弹出的菜单中选择"渐变叠加"命令，设置弹出的对话框，如图 1.121 所示，得到的效果如图 1.122 所示。

图 1.120　添加图层蒙版后的效果

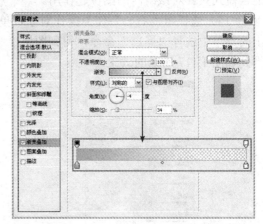

图 1.121　"渐变叠加"命令对话框

> **提示**
> 在"渐变叠加"对话框中，渐变类型为"从 9CB3B3 到 FFFFFF"。

（19）根据前面所讲解的操作方法，结合复制图层、编辑蒙版及更改图层样式的功能，制作心形右侧的渐变效果，如图 1.123 所示，同时得到"图层 2 副本"。"图层"面板如图 1.124 所示。

图 1.122　应用渐变叠加命令后的效果

图 1.123　制作心形右侧的渐变效果

> **提示**
> 本步中关于"图层样式"对话框中的设置请参考最终效果源文件。至此，心形图像已制作完成。下面依据心形的轮廓绘制卷纹以美化心形图像。

（20）选择钢笔工具 ，在工具选项条上选择路径按钮 和添加路径区域按钮 ，在心形图像上绘制如图 1.125 所示的路径。

图 1.124　"图层"面板

图 1.125　绘制路径

> **提示**
> 本步所绘制的路径可参见"路径"面板中的"路径 1"。

（21）选择"背景"图层作为当前的工作层，新建"图层 3"，设置前景色为黑色，选择画笔工具 ，并在其工具选项条中设置画笔为"尖角 2 像素"，不透明度为 100%。切换至"路径"面板，单击用画笔描边路径命令按钮 ，隐藏路径后的效果如图 1.126 所示。切换回"图层"面板。

（22）单击添加图层蒙版按钮 为"图层 3"添加蒙版，设置前景色为黑色。打开随书所附光盘中的文件"第 1 章\1.6-素材 2.abr"。选择画笔工具 ，在画布中单击鼠标右键，在弹出的画笔显示框中选择刚刚打开的画笔，在图层蒙版中进行涂抹，以便减淡部分图像，直至得到如图 1.127 所示的效果为止。

图 1.126　描边后的效果

图 1.127　添加图层蒙版后的效果

（23）按照第（20）～（22）步的操作方法，结合路径、用画笔描边路径及图层蒙版等功能，制作下方的卷纹图像，如图 1.128 所示。同时得到"图层 4"到"图层 4 副本 3"这几个图层。

提示

本步所绘制的路径可参见"路径"面板中的"路径 2"。

（24）选中"图层"到"图层 4 副本 3"这几个图层，按 **Ctrl+Alt+E** 组合键执行"盖印"操作，从而将选中图层中的图像合并至一个新的图层中，并将其重命名为"图层 5"。选择"滤镜"｜"锐化"｜"USM 锐化"命令，设置弹出的对话框，如图 1.129 所示，单击"确定"按钮退出对话框。

图 1.128　制作下方的卷纹图像

图 1.129　"USM 锐化"对话框

（25）选择"滤镜"｜"杂色"｜"添加杂色"命令，设置弹出的对话框，如图 1.130 所示，得到如图 1.131 所示的效果（局部）。

图 1.130　"添加杂色"对话框

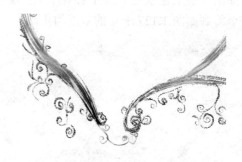

图 1.131　锐化及添加杂色后的效果

（26）按照第（6）步的操作方法，为"图层 5"添加蒙版。应用画笔工具 在蒙版中进行涂抹，以便将部分图像隐藏起来，得到的效果如图 1.132 所示。此时蒙版中的状态如图 1.133 所示。

图 1.132 添加图层蒙版后的效果   图 1.133 蒙版中的状态

（27）选择"图层 4"图层缩览图，选择"滤镜" | "模糊" | "高斯模糊"命令，在弹出的对话框中设置"半径"数值为 0.7，以添加卷纹与背景间的接触感。"图层"面板如图 1.134 所示。

提示
本步执行的"高斯模糊"命令所得到的效果不是很明显，但为了整体的效果唯美化，还是要应用此命令进行操作。

（28）收拢组"卷纹"，选择组"心形"作为当前的操作对象。根据前面所讲解的操作方法，结合路径、用画笔描边路径、图像蒙版、变换，以及高斯模糊等功能，制作心形下方的圈线图像，如图 1.135 所示。如图 1.136 所示为单独显示本步及"背景"图层时的图像状态。"图层"面板如图 1.137 所示。

图 1.134 "图层"面板

图 1.135 制作圈线图像

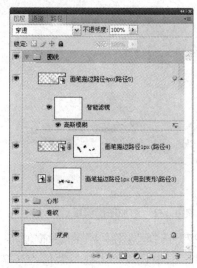

图 1.136　单独显示图像　　　　　　　　　　图 1.137　"图层"面板

> **提示**
> 　　本步中关于"高斯模糊"对话框中的参数设置请参考最终效果源文件。
> 下面结合画笔工具 ✐ 及画笔素材完善心形效果。

　　（29）收拢组"圈线"，新建"图层 6"，设置前景色为黑色，选择画笔工具 ✐，按照第（22）步的操作方法，打开随书所附光盘中的文件"第 1 章\1.6-素材 3.abr"，然后在心形图像上进行涂抹，得到的效果如图 1.138 所示。然后再设置前景色为白色，应用打开的画笔继续在心形图像上进行涂抹，得到的效果如图 1.139 所示。

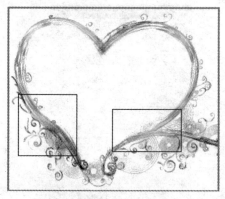

图 1.138　涂抹后的效果 1　　　　　　　　　　图 1.139　涂抹后的效果 2

> **提示**
> 　　至此，整体心形效果已制作完成。下面制作心形内的装饰、人物及鸟
> 图像。

（30）打开随书所附光盘中的文件"第 1 章\1.6-素材 4.psd"，按 Shift 键使用移动工具 将其拖至第（29）步制作的文件中，并将组"心内图"及组"人物"拖至组"卷纹"的下方，得到的最终效果如图 1.140 所示。"图层"面板如图 1.141 所示。

图 1.140　最终效果　　　　　　　　　　图 1.141　"图层"面板

提示
　　本步笔者是以组的形式给的素材，由于并非本例讲解的重点，读者可以参考最终效果源文件进行参数设置，展开组即可观看到操作的过程。另外，组"鸟"中用到的"散落花瓣"画笔为随书所附光盘中的文件"第 1 章\1.6-素 材 5.abr"。

1.7　"小太阳"产品形象广告

例前导读：

　　在本实例中，主要运用渐变工具、图层样式，以及填充路径的功能，制作出笑脸效果。在制作时还运用到了画笔等工具。在绘制时应该注意嘴、眼睛等的角度及位置。

核心技能：

- 应用渐变工具绘制渐变。
- 通过添加图层样式，制作图像的发光、投影等效果。
- 应用画笔工具 ✐，配合"画笔"面板中的参数，制作特殊的图像效果。
- 应用"羽化"命令制作具有柔和边缘的图像效果。

效果文件
　　光盘\第 1 章\1.7.psd。

操作步骤：

（1）按 Ctrl+N 组合键新建一个文件，在弹出的对话框中设置"宽度"数值为 1181 像素，"高度"数值为 1181 像素，分辨率为 300 像素。设置前景色的颜色值为 1B3067，按 Alt+Del 组合键填充"背景"图层。

（2）新建一个图层为"图层 1"，使用椭圆选框工具 ，按住 Shift 键绘制一个正圆形选区，并将其置于如图 1.142 所示的位置。

（3）选择径向渐变工具 ，并在其工具选项条上单击渐变类型选择框，设置弹出的"渐变编辑器"对话框，如图 1.143 所示。

（4）使用径向渐变工具 ，在正圆形选区的右上角至左下角绘制一条渐变线，按 Ctrl+D 组合键取消选区，得到如图 1.144 所示的效果。

图 1.142　绘制选区　　　　图 1.143　"渐变编辑器"对话框　　　　图 1.144　绘制渐变

> **提示**
> 在"渐变编辑器"对话框中，从左至右，第 1 个色标的颜色值为 FFF001；第 2 个色标的颜色值为 F29221；第 3 个色标的颜色值为 C96C1C；第 4 个色标的颜色值为 F4BE68。

（5）单击添加图层样式命令按钮 ，在弹出的菜单中选择"内发光"命令，设置弹出的对话框，如图 1.145 所示。在对话框中选择"外发光"选项，并设置其对话框，如图 1.146 所示，得到如图 1.147 所示的效果。

（6）使用钢笔工具 ，并在其工具选项条中单击路径命令按钮 ，在太阳内部绘制一条如图 1.148 所示的路径。切换至"路径"面板，双击当前的"工作路径"，在弹出的对话框中单击"确定"按钮，从而将其存储为"路径 1"。

> **提示**
> 在"内发光"对话框中，颜色块的颜色值为 FFFFBE；在"外发光"对话框中，颜色块的颜色值为 FFF600。

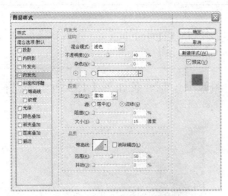
图 1.145 "内发光"命令对话框

图 1.146 "外发光"命令对话框

图 1.147 添加图层样式后的效果

图 1.148 绘制路径

（7）新建一个图层为"图层 2"，按 Ctrl+Enter 组合键将"路径 1"转换为选区，按 Shift+F6 组合键应用"羽化"命令，在弹出的对话框中设置羽化数值为 3。

（8）设置前景色的颜色值为 A4540B，按 Alt+Del 组合键填充选区，按 Ctrl+D 组合键取消选区，得到如图 1.149 所示的效果。

（9）单击添加图层样式命令按钮 fx，在弹出的菜单中选择"投影"命令，如图 1.150 所示设置弹出的对话框，得到如图 1.151 所示的效果。

（10）新建一个图层为"图层 3"，设置前景色的颜色值为 FF6000，使用画笔工具 在文件中单击鼠标右键，在弹出的参数设置框中设置"主直径"为 300 像素，"硬度"为 0%。在太阳嘴部的左侧单击，得到如图 1.152 所示的效果。

图 1.149 填充选区后

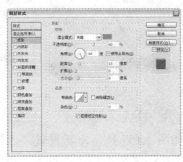
图 1.150 "投影"命令对话框

图 1.151 添加图层样式后的效果

提示

　　在"投影"对话框中，颜色块的颜色值为 D16E1C。

　　（11）使用钢笔工具 ，在第（10）步中绘制的图像上绘制一条如图 1.153 所示的路径，按照第（6）步中的方法将其保存为"路径 2"。

图 1.152　使用画笔工具后的效果

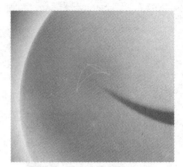

图 1.153　绘制路径

　　（12）按 Ctrl+Enter 组合键将"路径 2"转换为选区，再按 Shift+F6 组合键应用"羽化"命令，在弹出的对话框中设置羽化数值为 3。设置前景色的颜色值为 A4540B，按 Alt+Del 组合键填充选区，按 Ctrl+D 组合键取消选区，得到如图 1.154 所示的效果。

　　（13）设置前景色的颜色值为 F9A61A，选择画笔工具 ，按 F5 键显示"画笔"面板，并如图 1.155 所示进行参数设置。使用画笔工具 在第（12）步中填充的眼睛左上方单击，得到如图 1.156 所示的效果。

图 1.154　填充选区

图 1.155　"画笔"面板

图 1.156　使用画笔绘制左眼

　　（14）设置前景色为白色，如图 1.157 所示重新设置"画笔"面板中的参数。使用画笔工具 在第（13）步中用画笔工具 单击处再次单击，得到如图 1.158 所示的小太阳的左眼效果。

（15）在所有图层上方新建一个图层为"图层 4"，按照第（10）~（14）步中的方法，制作小太阳的右眼，得到如图 1.159 所示的效果。

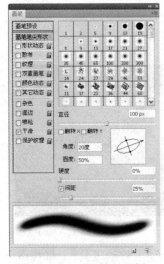
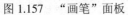

图 1.157 "画笔"面板　　　　　图 1.158 使用画笔工具绘制左眼　　　图 1.159 制作小太阳的右眼

（16）新建一个图层为"图层 5"，使用钢笔工具 ，在太阳的下巴处绘制一条如图 1.160 所示的路径。按照第（6）步中的方法将其保存为"路径 3"。

（17）按 Enter 键将"路径 3"转换为选区。按 Shift+F6 组合键应用"羽化"命令，在弹出的对话框中设置羽化数值为 10。设置前景色的颜色值为 E78120，再按 Alt+Del 组合键填充选区，得到如图 1.161 所示的效果。

图 1.160 绘制路径　　　　　　　　　　图 1.161 填充选区

（18）保持选区，选择"选择"|"修改"|"收缩"命令，在弹出的对话框中设置收缩量为 20，设置前景色的颜色值为 A4540B，按 Alt+Del 组合键填充选区，按 Ctrl+D 组合键取消选区，得到如图 1.162 所示的效果。

（19）设置前景色为白色，选择画笔工具 ，按 F5 键显示"画笔"面板，并如图 1.163 所示进行参数设置。使用画笔工具 在小太阳的下唇上单击，得到如图 1.164 所示的效果。

图 1.162　填充选区

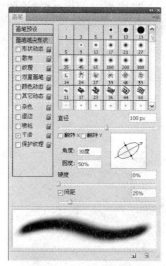

图 1.163　"画笔"面板

图 1.164　绘制小太阳下唇

（20）打开随书所附光盘中的文件"第 1 章\1.7-素材.psd"，使用移动工具 ➤✛ 将其拖至新建的文件中，得到"图层 6"。

（21）按 Ctrl+T 组合键调出自由变换控制框，按住 Shift 键将图像缩放为适当的大小，再按 Enter 键确认变换操作，并将其置于文件的右上角。选择横排文字工具 T. 在其下输入公司名称，得到如图 1.165 所示的最终效果。"图层"面板如图 1.166 所示。

图 1.165　最终效果

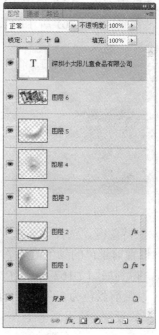

图 1.166　"图层"面板

1.8　练　习　题

1．尝试将 1.2 节制作的血滴字改变为凹陷图形，读者可以使用 Photoshop 自带的自定形状进行制作。

2．结合绘制图形及图层样式等功能，尝试制作如图 1.167 所示的特效卡通图像。

3．打开随书所附光盘中的文件"第 1 章\1.8-2-素材.psd"，如图 1.168 所示，尝试使用图层样式功能制作如图 1.169 所示的水质感特效图像。

图 1.167　特效卡通图像

图 1.168　素材图像

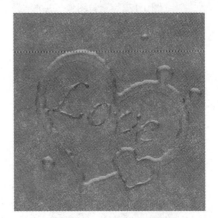

图 1.169　水质感特效图像

4．打开随书所附光盘中的文件"第 1 章\1.8-3-素材.psd"，如图 1.170 所示，结合多个图层样式制作如图 1.171 所示的玉质手镯效果。

5．打开随书所附光盘中的文件"第 1 章\1.8-4-素材.psd"，如图 1.172 所示，结合画笔绘图、混合模式及图层样式等功能，尝试制作如图 1.173 所示的喷火效果。

图 1.170　素材图像

图 1.171　玉质手镯效果

图 1.172　素材图像

图 1.173　喷火效果

第 2 章 创 意 合 成

2.1 创意合成概述

创意合成即指将原本风马牛不相及的内容，运用 Photoshop 强大的功能合成在一起，给人以趣味、震撼、惊奇等不同的感受。

创意合成作品多建立在一个相对真实的环境中，而且该环境越真实（再配合令人拍案的想法）就越能突显出该作品的过人之处。如图 2.1 所示就是一些常见的创意合成作品类型。

梦幻创意手法

拟人创意手法

超现实创意手法

科幻创意手法

质感变化创意手法

变形创意手法

夸张创意手法

替换创意手法

图 2.1　不同创意手法的作品

下面从技术角度分析与合成影像相关的技术，用以帮助各位读者在学习时找到自己学习的重点与中心。

1. 蒙版技术

蒙版技术的主要作用是在图像合成过程中限制图像的显示范围，从而将不需要的图像内容隐藏起来，将要合成的图像内容保留下来。在图像合成领域中，这是一项非常常用的功能。如图 2.2 所示的作品就是以图层蒙版为主的创意作品。

图 2.2　以图层蒙版为主的创意作品

提示
　　将图像合成至场景中后，大多数情况下还要用颜色调整命令调整图像的色彩及亮度等属性，使之能够完全地融入到场景中来，同时也使整体作品看起来更加真实。

除了上面所提到的图层蒙版外，剪贴蒙版、矢量蒙版也非常重要。

2. 混合模式技术

混合模式也是用于融合图像的主要功能之一，尤其是在图像合成作品中。将两幅图像融合在一起，或为某个图像叠加纹理，最常用、有效、便捷的方法就是使用混合模式。

如果单纯使用混合模式无法得到完美的合成效果，就需要组合使用蒙版功能，两种功能搭配在一起使用，能够得到比较真实的合成图像效果。

很多时候，混合模式与蒙版功能都是搭配使用的（当然并不排除二者分开使用的情况），其中混合模式主要是将图像融合在一起，而蒙版则负责将多余的图像内容隐藏掉。例如，如图 2.3 所示的一些大型创意作品中，就需要大量地搭配混合模式及蒙版功能进行合成处理。

图 2.3　一些大型的创意作品

图 2.3　一些大型的创意作品（续）

3．通道技术

通道在合成影像的操作中并没有直接参与到合成工作中，而主要是帮助操作者抠选出各种复杂边缘的图像，以供合成时使用。

此时，最常用的当属 Alpha 通道。灵活运用 Alpha 通道可以选择出透明的玻璃瓶，边缘不规则的烟、雾、云、火等合成图像时常用到的图像元素。如图 2.4 所示为原图像；如图 2.5 所示为使用 Alpha 通道选择火焰后得到的合成效果。

图 2.4　原图像　　　　　　　　　图 2.5　选择火焰后的合成效果

4．绘画技术

在合成影像的领域中，绘画工具及相关技术通常被用于模拟光与影，其中最常见的类型就是光线与阴影效果。

除了上述较小规模的应用外，在 Mattepainting 领域合成图像时也会大量应用绘画技术。如图 2.6 所示为在蓝幕前的拍摄效果；如图 2.7 所示为在合成时艺术家组合素材并通过绘画得到的最终效果。

图 2.6　蓝幕前的拍摄效果　　　　　　图 2.7　绘画合成得到的最终效果

5．调色技术

在合成图像的过程中，由于素材的来源各不相同，因此在光照强度及色调等多方面都会有所差异，此时就可以使用调色技术，对它们进行协调统一的处理。例如，如图 2.8 所示是未调整颜色前，利用蒙版等技术将各部分图像融合在一起时的状态。可以看出，人物与背景海面及天空的色调不太匹配。如图 2.9 所示就是使用调色技术解决这一问题后的效果，此时整幅作品看起来色彩协调，显得更加逼真。

图 2.8　素材图像　　　　　　　　　　　　　图 2.9　调色后的效果

6．滤镜技术

在合成图像时，多数情况下滤镜都是用于辅助渲染整体气氛的。例如，使用"云彩"滤镜可取得云雾效果或对细节内容进行一些修饰，使用"浮雕效果"可模拟小的刻痕等。

2.2　鸡蛋创意之——Egg eye

例前导读：

本例是以 Egg eye 为主题的创意表现作品。在制作的过程中，设计师将人的眼睛通过 Photoshop 软件中的技术手段融入到鸡蛋图像中，使两幅不同类型的图像融合在一起，组合成一幅全新的、另类的图像效果，以突出主题。

核心技能：

● 利用图层蒙版功能隐藏不需要的图像。

● 通过设置图层属性以混合图像。

● 利用选区工具创建选区。

● 利用剪贴蒙版限制图像的显示范围。

● 应用调整图层的功能，调整图像的亮度、色彩等属性。

● 应用"羽化"命令制作具有柔和边缘的图像效果。

 效果文件

　　光盘\第 2 章\2.2.psd。

操作步骤：

（1）打开随书所附光盘中的文件"第 2 章\2.2-素材 1.tif"，如图 2.10 所示。再打开随书所附光盘中的文件"第 2 章\2.2-素材 2.tif"，如图 2.11 所示。按 Ctrl+A 组合键执行"全选"操作，按 Ctrl+C 组合键执行"复制"操作，返回至打开的背景图像中按 Ctrl+V 组合键执行"粘贴"操作，得到一个新的图层为"图层 1"。

图 2.10 背景素材图像

图 2.11 素材图像

（2）按 Ctrl+T 组合键调出自由变换控制框，按住 Shift 键拖动自由变换控制句柄以缩小图像，按 Enter 键确认变换操作，并使用移动工具 将其置于如图 2.12 所示的位置。

（3）单击添加图层蒙版命令按钮 为"图层 1"添加蒙版，选择画笔工具 并在其工具选项条中设置适当的画笔大小，设置前景色的颜色值为黑色，在睫毛以外的白色部分涂抹以将其隐藏，得到如图 2.13 所示的效果，此时的图层蒙版如图 2.14 所示。

图 2.12 调整后的效果

图 2.13 涂抹后的效果

（4）复制"图层 1"得到"图层 1 副本"，并删除其图层蒙版，同时设置其图层混合模式为"变暗"，得到如图 2.15 所示的效果。

图 2.14 图层蒙版状态

图 2.15 设置图层混合模式后的效果

（5）单击添加图层蒙版命令按钮 为"图层 1 副本"添加蒙版，选择画笔工具 ✎，并在其工具选项条中设置适当的画笔大小，在眼睛以外的地方涂抹以将杂点隐藏，得到如图 2.16 所示的效果，此时的图层蒙版如图 2.17 所示。

图 2.16　涂抹后的效果　　　　　　　图 2.17　图层蒙版状态

> **注意**
> 在这步中添加图层蒙版，主要是为了隐藏图像周围的边缘部分。

（6）选择"图层 1 副本"图层缩览图，使用自由套索工具 ⬭，绘制一个如图 2.18 所示的选区，按 Ctrl+J 组合键执行"通过复制的图层"操作，得到一个新的图层为"图层 2"，并设置其图层混合模式为"正片叠底"，得到如图 2.19 所示的效果。

图 2.18　绘制选区　　　　　　　图 2.19　设置图层混合模式后的效果

（7）单击添加图层蒙版命令按钮 为"图层 2"添加蒙版，选择画笔工具 ✎，并在其工具选项条中设置适当的画笔大小及不透明度，在眉毛的上侧边缘涂抹以将其隐藏，得到如图 2.20 所示的效果，此时的图层蒙版如图 2.21 所示。

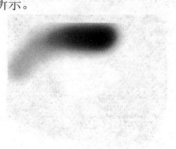

图 2.20　涂抹后的效果　　　　　　　图 2.21　图层蒙版状态

（8）选择"图层 1 副本"图层缩览图，选择自由套索工具，绘制一个如图 2.22 所示的矩形选区，按 Ctrl+J 组合键执行"通过复制的图层"操作，得到一个新的图层为"图层 3"，并设置其图层混合模式为"正片叠底"，得到如图 2.23 所示的效果。

图 2.22　绘制选区

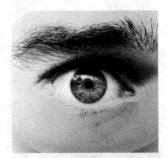

图 2.23　设置图层混合模式后的效果

（9）单击添加图层蒙版命令按钮为"图层 3"添加蒙版，选择画笔工具，并在其工具选项条中设置适当的画笔大小及不透明度，在通过复制的图像上方涂抹以将其隐藏，得到如图 2.24 所示的效果，此时的图层蒙版如图 2.25 所示。

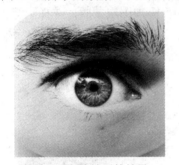

图 2.24　涂抹后的效果

图 2.25　图层蒙版状态

（10）选择"图层 3"，单击创建新的填充或调整图层命令按钮，在弹出的菜单中选择"色阶"命令，得到"色阶 1"，按 Ctrl+Alt+G 组合键执行"创建剪贴蒙版"操作，设置弹出的面板如图 2.26 所示，得到如图 2.27 所示的效果。

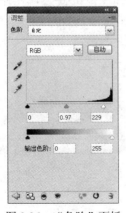

图 2.26　"色阶"面板

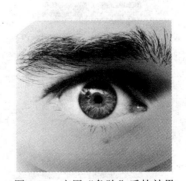

图 2.27　应用"色阶"后的效果

（11）按照第（8）步的操作，选取眼睛右上角的睫毛，如图 2.28 所示，得到一个新的图层为"图层 4"，此时的"图层"面板如图 2.29 所示。

图 2.28　制作的效果

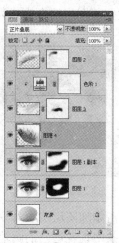

图 2.29　"图层"面板

（12）单击添加图层蒙版命令按钮 为"图层 4"添加图层蒙版，选择画笔工具 ，并在其工具选项条中设置适当的画笔大小及不透明度，在通过复制的图像上方涂抹以将其隐藏，得到如图 2.30 所示的效果，此时的图层蒙版如图 2.31 所示。

图 2.30　涂抹后的效果

图 2.31　图层蒙版状态

（13）选择"图层 2"，单击创建新的填充或调整图层命令按钮 ，在弹出的菜单中选择"色相/饱和度"命令，设置弹出的面板如图 2.32 所示，得到如图 2.33 所示的效果。

图 2.32　"色相/饱和度"面板

图 2.33　应用"色相/饱和度"后的效果

（14）选择"色相/饱和度 1"的图层蒙版缩览图，选择画笔工具 ✐，并在其工具选项条中设置适当的画笔大小，在眼睛上涂抹，得到如图 2.34 所示的效果，此时调整图层的图层蒙版如图 2.35 所示。

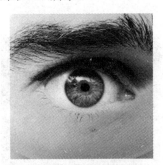

图 2.34　涂抹后的效果

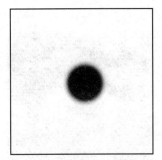

图 2.35　图层蒙版状态

（15）选择钢笔工具 ✐，并在其工具选项条中单击路径命令按钮 🔳，沿着眼睛绘制一条如图 2.36 所示的路径。

（16）按 Ctrl+Enter 组合键将路径转换为选区，按 Shift+F6 组合键应用"羽化"命令，在弹出的对话框中设置"羽化半径"数值为 5，此时的选区如图 2.37 所示。

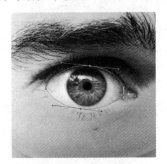

图 2.36　绘制路径

图 2.37　羽化后的选区

（17）设置前景色的颜色值为 E6E6E6，按 Alt+Del 组合键用前景色填充选区，得到如图 2.38 所示的效果。设置前景色的颜色值为 D6D6D6，选择"滤镜"|"杂色"|"添加杂色"命令，设置弹出的对话框，如图 2.39 所示。按 Ctrl+D 组合键取消选区，得到如图 2.40 所示的效果。

图 2.38　前景色填充后的效果

图 2.39　"添加杂色"对话框

（18）设置"图层 5"的图层混合模式为"正片叠底"，得到如图 2.41 所示的效果。按住 **Ctrl** 键单击"色相/饱和度 1"的图层蒙版缩览图以载入其选区，单击添加图层蒙版命令按钮 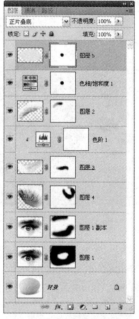 为"图层 5"添加蒙版，得到如图 2.42 所示的最终效果。此时的"图层"面板如图 2.43 所示。

图 2.40　应用"添加杂色"命令后的效果

图 2.41　设置图层混合模式后的效果

图 2.42　最终效果

图 2.43　"图层"面板

2.3　幻想游戏合成处理

例前导读：

　　本例是以幻想游戏为主题的合成处理作品。在制作的过程中，设计师主要以蓝色调作为画面的主要元素，加上背景中的层层迷雾，以及人物与怪兽的近距离接触，突出了此游戏的冷酷，以此激发人们的战斗欲望。

核心技能：

- 应用调整图层的功能，调整图像的亮度、色彩等属性。
- 通过设置图层属性以混合图像。
- 利用图层蒙版功能隐藏不需要的图像。
- 利用剪贴蒙版限制图像的显示范围。
- 应用画笔工具 绘制图像。
- 应用"变形"命令使图像变形。
- 利用混合颜色带融合图像。
- 应用"投影"命令，制作图像的投影效果。

	效果文件 光盘\第 2 章\2.3.psd。

操作步骤：

（1）按 Ctrl+N 组合键新建一个文件，在弹出的对话框中设置文件的大小为 1024 像素×1024 像素，分辨率为 72 像素/英寸，背景色为白色，颜色模式为 8 位的 RGB 模式，单击"确定"命令按钮退出对话框。

	提示 　　下面利用素材图像，结合调整图层、图层属性及画笔工具 等功能制作背景图像。

（2）打开随书所附光盘中的文件"第 2 章\2.3-素材 1.psd"，使用移动工具 将其拖至第（1）步新建的文件中，得到图层"天空"。按 Ctrl+T 组合键调出自由变换控制框，按 Shift 键向内拖动控制句柄以缩小图像及移动位置，按 Enter 键确认操作。得到的效果如图 2.44 所示。

（3）单击创建新的填充或调整图层按钮 ，在弹出的菜单中选择"色彩平衡"命令，得到图层"色彩平衡 1"，设置弹出的面板，如图 2.45、图 2.46 和图 2.47 所示，得到如图 2.48 所示的效果。

图 2.44　调整图像

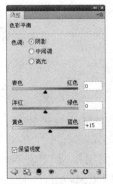

图 2.45　"阴影"选项

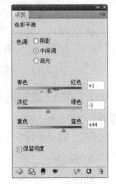

图 2.46　"中间调"选项

（4）新建"图层 1"，设置此图层的混合模式为"叠加"，设置前景色为白色。选择画笔工具 ，并在其工具选项条中设置画笔为"柔角 200 像素"，不透明度为 60%，然后在画布上方的高光区域进行涂抹，以添加亮光，如图 2.49 所示。"图层"面板如图 2.50 所示。

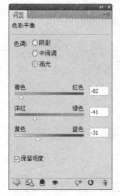

图 2.47　"高光"选项　　　　图 2.48　调色后的效果　　　　图 2.49　涂抹后的效果

> **提示**
>
> 本步中为了方便图层的管理，在此将制作背景的图层选中，按 Ctrl+G 组合键执行"图层编组"操作得到"组 1"，并将其重命名为"背景"。在下面的操作中，笔者也对各部分进行了编组的操作，在步骤中不再叙述。下面制作人物图像。

（5）收拢组"背景"，打开随书所附光盘中的文件"第 2 章\2.3-素材 2.psd"，使用移动工具 将其拖至第（4）步制作的文件中，得到"图层 2"。利用自由变换控制框调整图像的大小及位置，得到的效果如图 2.51 所示。

图 2.50　"图层"面板　　　　　　　　　图 2.51　调整图像

（6）单击创建新的填充或调整图层按钮 ，在弹出的菜单中选择"色彩平衡"命令，得到图层"色彩平衡 2"。按 Ctrl+Alt+G 组合键执行"创建剪贴蒙版"操作，设置弹出的面板，如图 2.52 和图 2.53 所示，得到如图 2.54 所示的效果。

（7）单击创建新的填充或调整图层按钮 ，在弹出的菜单中选择"亮度/对比度"命令，得到图层"亮度/对比度 1"，按 Ctrl+Alt+G 组合键执行"创建剪贴蒙版"操作，设置弹出的面板，如图 2.55 所示，得到如图 2.56 所示的效果。

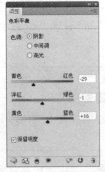

图 2.52　"阴影"选项　　　　　　图 2.53　"高光"选项　　　　　　图 2.54　调色后的效果

（8）按照第（5）步的操作方法，利用随书所附光盘中的文件"第 2 章\2.3-素材 3.psd"，结合移动工具 及变换功能，制作人物下方的刀图像，如图 2.57 所示。同时得到"图层 3"。

提示

至此，人物图像已制作完成。下面制作人物手中的刀图像。

图 2.55　"亮度/对比度"面板　　　图 2.56　应用"亮度/对比度"　　　图 2.57　调整图像
　　　　　　　　　　　　　　　　　　　后的效果

（9）选择钢笔工具 ，在工具选项条上选择路径按钮 和从路径区域减去按钮 ，在人物的左手处绘制如图 2.58 所示的路径。按 Ctrl 键单击添加图层蒙版按钮 为"图层 3"添加蒙版，隐藏路径后的效果如图 2.59 所示。

图 2.58　绘制路径　　　　　　　　　　　图 2.59　添加图层蒙版后的效果

（10）按照第（6）～（7）步的操作方法，结合"色彩平衡"及"亮度/对比度"调整图层调整图像的色彩、亮度及对比度，得到的效果如图 2.60 所示。同时得到"色彩平衡 3"和"亮度/对比度 2"。

提示
　　本步中关于图层面板中的参数设置请参考最终效果源文件。在下面的操作中会多次应用到调整图层的功能，笔者将不再做相关参数的提示。下面制作刀图像的暗色调效果。

（11）新建"图层 4"，按 Ctrl+Alt+G 组合键执行"创建剪贴蒙版"操作，设置前景色为001D69。选择画笔工具 ，并在其工具选项条中设置画笔为"柔角 45 像素"，不透明度为30%，然后在刀部进行涂抹，得到的效果如图 2.61 所示。

图 2.60　调整图像属性后的效果　　　　　　　　图 2.61　涂抹后的效果

提示
　　至此，刀图像已制作完成。下面制作人物的披风图像。

（12）选择组"背景"作为操作对象，打开随书所附光盘中的文件"第 2 章\2.3-素材 4.psd"，使用移动工具 将其拖至第（11）步制作的文件中，得到"图层 5"。在此图层的名称上单击鼠标右键，在弹出的菜单中选择"转换为智能对象"命令，从而将其转换成智能对象图层。

提示
　　转换成智能对象图层的目的是，在后面将对"图层 5"图层中的图像进行变形操作，而智能对象图层可以记录下所有的变形参数，以便于我们进行反复的调整。

（13）按 Ctrl+T 组合键调出自由变换控制框，在控制框内单击鼠标右键，在弹出的菜单中选择"变形"命令，在控制区域内拖动鼠标使图像变形，状态如图 2.62 所示。按 Enter键确认操作。

（14）单击添加图层蒙版按钮 为"图层 5"添加蒙版，设置前景色为黑色，选择画笔工具 ，在其工具选项条中设置适当的画笔大小及不透明度，在图层蒙版中进行涂抹，以便将上方的部分隐藏起来，最终得到如图 2.63 所示的效果。

图 2.62　变形状态

图 2.63　添加图层蒙版后的效果

（15）单击添加图层样式按钮 $fx.$，在弹出的菜单中选择"投影"命令，设置弹出的对话框，如图 2.64 所示。然后继续在"图层样式"对话框中选择"混合选项"选项，设置其对话框，如图 2.65 所示，得到的效果如图 2.66 所示。

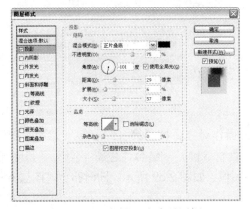

图 2.64　"投影"命令对话框

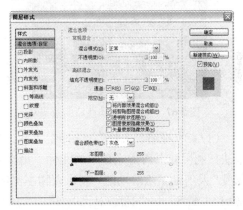

图 2.65　"混合选项"对话框

提示

在设置"混合选项"对话框时，勾选"图层蒙版隐藏效果"是为了使蒙版能够将图层样式产生的效果隐藏。

（16）结合"亮度/对比度"、"色彩平衡"、剪贴蒙版及编辑蒙版的功能，调整图像的色彩、亮度及对比度，得到的效果如图 2.67 所示。"图层"面板如图 2.68 所示。

提示

至此，披风图像已制作完成。下面制作怪兽图像。

图 2.66　添加图层样式后的效果

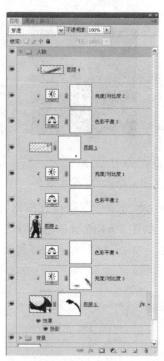

图 2.67　调整图像属性后的效果　　　　　　　　　图 2.68　"图层"面板

（17）收拢组"人物"，选择组"背景"作为操作对象，按照第（5）～（7）步的操作方法，利用随书所附光盘中的文件"第 2 章\2.3-素材 5.psd"，结合"色彩平衡"、"亮度/对比度"及剪贴蒙版等功能，制作人物左侧的怪兽图像，如图 2.69 所示。同时得到"图层 6"、"色彩平衡 5"和"亮度/对比度 4"。

（18）选中第（17）步得到的 3 个图层，按 Ctrl+Alt+E 组合键执行"盖印"操作，从而将选中图层中的图像合并至一个新图层中，并将其重命名为"图层 7"。利用自由变换控制框调整图像的角度（逆时针旋转 90 度左右）、大小及位置，得到的效果如图 2.70 所示。

图 2.69　制作怪兽图像　　　　　　　　　　　图 2.70　盖印及调整图像

（19）按照第（14）步的操作方法为"图层 7"添加蒙版，应用画笔工具 ✐ 在蒙版中进行涂抹，以便将人物左侧的怪兽隐藏起来，得到的效果如图 2.71 所示。

（20）结合"亮度/对比度"、剪贴蒙版、画笔工具 及图层属性等功能，调整下方怪兽图像的亮度、对比度，得到的效果如图 2.72 所示。"图层"面板如图 2.73 所示。

图 2.71　添加图层蒙版后的效果

图 2.72　调整图像属性后的效果

> **提示**
>
> 　　本步中关于图像的颜色值、画笔大小及不透明度的设置在图层名称上已写出了相应的文字信息。另外，设置了图层"0b1726 画笔 175px 不透明度 30%"的混合模式为"正片叠底"。下面添加画面中的鸟兽及云彩图像。

（21）收拢组"怪兽"，选择组"人物"作为操作对象。打开随书所附光盘中的文件"第 2 章\2.3-素材 6.psd"，按 Shift 键使用移动工具 将其拖至第（20）步制作的文件中，并将组"云彩"拖至组"怪兽"的下方，得到的效果如图 2.74 所示。同时得到另外的一个组为"鸟兽"。

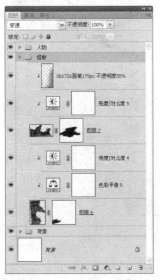

图 2.73　"图层"面板

图 2.74　拖入图像

提示

本步笔者是以组的形式给的素材，由于其操作非常简单，在叙述上略显烦琐，读者可以参考最终效果源文件进行参数设置，展开组即可观看到操作的过程。下面利用"USM 锐化"命令锐化图像的细节，并完成制作。

（22）选择组"鸟兽"，按 Ctrl+Alt+Shift+E 组合键执行"盖印"操作，从而将当前所有可见的图像合并至一个新图层中，得到"图层 8"。选择"滤镜" | "锐化" | "USM 锐化"命令，设置弹出的对话框，如图 2.75 所示。如图 2.76 所示为应用"USM 锐化"命令前后的对比效果。

图 2.75 "USM 锐化"对话框

图 2.76 应用"USM 锐化"命令前后的对比效果

（23）本例操作完成，最终整体效果如图 2.77 所示。"图层"面板如图 2.78 所示。

图 2.77 最终效果

图 2.78 "图层"面板

2.4 花蝶美女合成处理

例前导读：

本例是以花蝶美女为主题的合成处理作品。在制作的过程中，以处理各个图像间的融合及整体色彩的搭配为核心内容。美女周围的叶子、花及蝴蝶图像，给人以梦境般的感受，同时为整体画面增添了很多活力。

核心技能：

- 通过设置图层属性以混合图像。
- 利用图层蒙版功能隐藏不需要的图像。
- 应用调整图层的功能，调整图像的亮度、色彩等属性。
- 应用画笔工具 绘制图像。
- 应用"高斯模糊"命令模糊图像。
- 应用"USM 锐化"命令锐化图像细节。
- 利用变换功能调整图像的大小、角度及位置。

效果文件

　　光盘\第 2 章\2.4.psd。

操作步骤：

（1）按 Ctrl+N 组合键新建一个文件，在弹出的对话框中设置文件的大小为 1000 像素×1333 像素，分辨率为 72 像素/英寸，背景色为白色，颜色模式为 8 位的 RGB 模式，单击"确定"按钮退出对话框。设置前景色为黑色，按 Alt+Del 组合键以前景色填充"背景"图层。

提示

　　下面利用素材图像，结合变换及图层属性等功能，制作画面中的人物图像。

（2）打开随书所附光盘中的文件"第 2 章\2.4-素材 1.psd"，使用移动工具 将其拖至第（1）步新建的文件中，得到图层"人物"。按 Ctrl+T 组合键调出自由变换控制框，按 Shift 键向内拖动控制句柄以缩小图像及移动位置，按 Enter 键确认操作。得到的效果如图 2.79 所示。

（3）打开随书所附光盘中的文件"第 2 章\2.4-素材 2.psd"，使用移动工具 将其拖至第（2）步制作的文件中，并置于画布的左下角，如图 2.80 所示。同时得到图层"花"。

（4）设置图层"花"的混合模式为"线性加深"，不透明度为 41%，填充为 55%，以便混合图像，得到的效果如图 2.81 所示。"图层"面板如图 2.82 所示。

图 2.79　调整图像　　　　　图 2.80　摆放图像　　　　　图 2.81　设置混合模式后的效果

提示

　　本步中为了方便图层的管理，在此将制作人物的图层选中，按 Ctrl+G 组合键执行"图层编组"操作得到"组 1"，并将其重命名为"人物"。在下面的操作中，笔者也对各部分进行了编组的操作，在步骤中不再叙述。下面制作人物周围的叶子图像。

（5）收拢组"人物"，按照第（3）～（4）步的操作方法，利用随书所附光盘中的文件"第 2 章\2.4-素材 3.psd"，结合移动工具 及图层属性的功能，制作顶部的叶子图像，如图 2.83 所示。同时得到"图层 1"。

提示

　　本步中设置了"图层 1"的混合模式为"正片叠底"，不透明度为 39%、填充为 73%。

（6）复制"图层 1"得到"图层 1 副本"，利用自由变换控制框进行水平翻转、顺时针旋转角度及移动位置，得到的效果如图 2.84 所示。更改当前图层的混合模式为"明度"，不透明度为 76%，填充为 96%，以便混合图像，得到的效果如图 2.85 所示。

图 2.82　"图层"面板

图 2.83　制作叶子图像

图 2.84　复制及调整图像

（7）按照第（6）步的操作方法，结合复制图层、变换及更改图层属性的功能，制作画布右侧的绿叶图像，如图 2.86 所示。"图层"面板如图 2.87 所示。

图 2.85　更改图层属性后的效果

图 2.86　制作右侧的绿叶图像

图 2.87　"图层"面板

提示

本步中关于每个图层属性的更改请参考最终效果源文件。在下面的操作中会多次应用到图层属性的功能，笔者将不再做相关参数的提示。

（8）收拢组"右边绿叶"，按照第（5）～（7）步的操作方法，利用素材图像，结合变换、复制图层及图层属性等功能，制作画布左侧的绿叶及右侧的红叶图像，如图 2.88 所示。如图 2.89 所示为单独显示本步的图像状态，"图层"面板如图 2.90 所示。

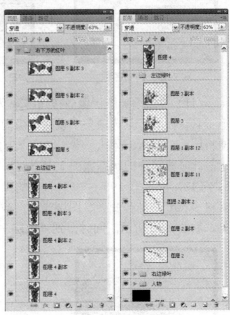

图 2.88　制作其他叶子图像　　图 2.89　单独显示图像状态　　　　图 2.90　"图层"面板

提示

本步所应用到的素材图像为随书所附光盘中的文件"第 2 章\2.4-素材 4.psd"～"第 2 章\2.4-素材 7.psd"。下面制作背景颜色。

（9）收拢组"左边绿叶"、"右边红叶"及"右下方的红叶"。选择组"右下方的红叶"作为操作对象，打开随书所附光盘中的文件"第 2 章\2.4-素材 8.psd"，使用移动工具　将其拖至第（8）步制作的文件中，利用自由变换控制框进行水平翻转，然后调整图像的大小及位置，得到的效果如图 2.91 所示。同时得到"图层 6"。

（10）设置"图层 6"的混合模式为"变暗"，不透明度为 53%，填充为 48%，以便混合图像，得到的效果如图 2.92 所示。选择"滤镜"|"模糊"|"高斯模糊"命令，在弹出的对话框中设置"半径"数值为 36.4，使图像间融合更好，效果如图 2.93 所示。

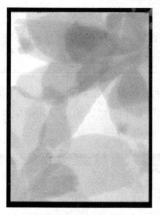

　　图 2.91　调整图像　　　　图 2.92　设置图层属性后的效果　　　图 2.93　高期模糊后的效果

　　（11）单击添加图层蒙版按钮 为"图层 6"添加蒙版。设置前景色为黑色，选择画笔工具，在其工具选项条中设置适当的画笔大小及不透明度，在图层蒙版中进行涂抹，以便将眉毛、眼睛、鼻孔、嘴，以及下方两侧的图像渐隐，直至得到如图 2.94 所示的效果为止，此时蒙版中的状态如图 2.95 所示。

　　（12）按照第（9）～（11）步的操作方法，利用随书所附光盘中的文件"第 2 章\2.4-素材 9.psd"，结合变换、图层属性、滤镜，以及图层蒙版等功能，制作画面中的暖色调效果，如图 2.96 所示，同时得到"图层 7"。

　图 2.94　添加图层蒙版后的效果　　　　图 2.95　蒙版中的状态　　　　图 2.96　制作暖色调效果

提示
　　本步中设置了"高斯模糊"对话框中的"半径"数值为 52.4。下面利用调整图层的功能调整图像的亮度、色彩属性。

　　（13）单击创建新的填充或调整图层按钮 　，在弹出的菜单中选择"色阶"命令，得到图层"色阶 1"，设置弹出的面板，如图 2.97 所示。得到如图 2.98 所示的效果。

图 2.97 "色阶"面板　　　图 2.98 应用"色阶"命令后的效果

（14）单击创建新的填充或调整图层按钮 ，在弹出的菜单中选择"色相/饱和度"命令，得到图层"色相/饱和度 1"，设置弹出的面板，如图 2.99 所示，得到如图 2.100 所示的效果。"图层"面板如图 2.101 所示。

图 2.99 "色相/饱和度"面板　　　图 2.100 调色后的效果　　　图 2.101 "图层"面板

 提示
至此，背景颜色已调整完成。下面制作人物左侧及眼睛处的蝴蝶图像。

（15）打开随书所附光盘中的文件"第 2 章\2.4-素材 10.psd"，按 Shift 键使用移动工具将其拖至第（14）步制作的文件中，得到的效果如图 2.102 所示。同时得到组"蝴蝶"。

提示
本步笔者是以组的形式给的素材，由于其操作非常简单，在叙述上略显烦琐，读者可以参考最终效果源文件进行参数设置，展开组即可观看到操作的过程。

（16）在所有图层上方新建"图层 8"，设置前景色为 772F1A，设置此图层的混合模式为"滤色"，选择画笔工具 ，并在其工具选项条中设置画笔为"柔角 25 像素"，不透明度为 30%，在人物头发区域进行涂抹，得到的效果如图 2.103 所示。

图 2.102　拖入图像　　　　　　　　　　图 2.103　涂抹后的效果

（17）按照第（16）步的操作方法，结合画笔工具 及图层属性的功能，调整左上角的图像色彩，如图 2.104 所示。如图 2.105 所示为单独显示第（16）步至本步的图像状态。"图层"面板如图 2.106 所示。

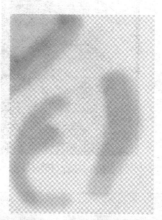

图 2.104　再次涂抹后的效果　　　　图 2.105　单独显示图像状态　　　　图 2.106　"图层"面板

> **提示**
> 　　本步中关于图像的颜色值、画笔大小及不透明度的设置在对应的图层名称中都标有相应的文字信息。下面制作人物上方的发光点。

（18）收拢组"画笔调整"，在所有图层上方新建"图层 9"，设置前景色为 FFFFD7。打开随书所附光盘中的文件"第 2 章\2.4-素材 11.abr"，选择画笔工具 ，在画布中单击鼠标右键，在弹出的画笔显示框中选择刚刚打开的画笔，在人物的上方进行涂抹，得到的效果如图 2.107 所示。

（19）设置"图层 9"的不透明度为 35%，以降低图像的透明度，单击添加图层样式按钮 *fx.*，在弹出的菜单中选择"外发光"命令，设置弹出的对话框，如图 2.108 所示，得到的效果如图 2.109 所示。

图 2.107　涂抹后的效果

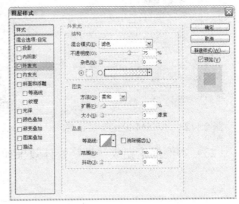

图 2.108　"外发光"命令对话框

提示
　　在"外发光"对话框中，颜色块的颜色值为 FFFFBE。下面对整体图像效果进行调整，并完成制作。

（20）按 Ctrl+Alt+Shift+E 组合键执行"盖印"操作，从而将当前所有可见的图像合并至一个新图层中，得到"图层 10"。选择"滤镜"|"模糊"|"高斯模糊"命令，在弹出的对话框中设置"半径"数值为 1.8，单击"确定"按钮退出对话框。然后设置当前图层的混合模式为"滤色"，以混合图像，得到的效果如图 2.110 所示。

（21）复制"图层 10"得到"图层 10 副本"，更改此图层的混合模式为"柔光"，不透明度为 45%，得到的效果如图 2.111 所示。

图 2.109　应用"外发光"命令后的效果

图 2.110　设置混合模式后的效果

图 2.111　复制及更改图层属性后的效果

（22）再次按 Ctrl+Alt+Shift+E 组合键执行"盖印"操作，得到"图层 11"。选择"滤镜"|"锐化"|"USM 锐化"命令，设置弹出的对话框，如图 2.112 所示。如图 2.113 所示为应用"USM 锐化"前后的对比效果。

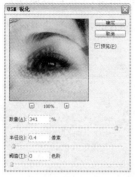

图 2.112　"USM 锐化"对话框

图 2.113　对比效果

（23）本例操作完成，最终整体效果如图 2.114 所示。"图层"面板如图 2.115 所示。

图 2.114　最终效果

图 2.115　"图层"面板

2.5　图像合成——海之女儿

例前导读：

　　本例与上一例在创意上较为相似，都是将多种元素合成在一起的过程。在本例中，尤其值得一提的是使用"照片滤镜"命令对图像的颜色进行调整，读者可以在实际操作过程中多留意其功能。

　　核心技能：

● 利用图层蒙版功能隐藏不需要的图像。

● 结合调整命令及调整图层的功能，调整图像的亮度、色彩等属性。

- 通过设置图层属性以混合图像。
- 应用选区工具创建选区。
- 应用"表面模糊"命令制作模糊的图像效果。

效果文件

光盘\第 2 章\2.5.psd。

操作步骤：

（1）按 Ctrl+N 组合键新建一个文件，设置弹出的对话框，如图 2.116 所示，单击"确定"按钮退出对话框。

（2）打开随书所附光盘中的文件"第 2 章\2.5-素材 1.tif"，使用移动工具 将其拖至新建的文件中，得到"图层 1"，并将其置于该新文件的底部，如图 2.117 所示。

图 2.116 "新建"对话框

图 2.117 摆放图像位置

（3）打开随书所附光盘中的文件"第 2 章\2.5-素材 2.tif"，使用移动工具 将其拖至新建的文件中，得到"图层 2"，并设置此图层的不透明度为 50%，然后移动图像的位置直至得到类似如图 2.118 所示的效果为止。

（4）恢复"图层 2"的不透明度为 100%。使用矩形工具 在图像的下半部分海天相交处绘制选区，如图 2.119 所示。

图 2.118 摆放图像位置

图 2.119 绘制选区

（5）按 Shift+F6 组合键应用"羽化"命令，在弹出的对话框中设置"羽化半径"数值为 15，单击"确定"按钮退出对话框，并按住 Alt 键单击添加图层蒙版按钮 为"图层 2"添加蒙版，得到如图 2.120 所示的效果。

（6）观察图像可以看出，当天空与大海的颜色不匹配，下面来对其进行调整。选择"图层 2"的缩览图，按 Ctrl+B 组合键应用"色彩平衡"命令，设置弹出的对话框，如图 2.121 所示，得到如图 2.122 所示的效果。

图 2.120　添加蒙版后的效果

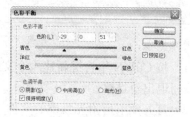

图 2.121　"色彩平衡"对话框

（7）由于我们要制作的是人物坐在图像底部翻滚的浪花上的效果，所以首先应将浪花图像选中。切换至"通道"面板，观察各个通道并选出一个浪花与周围图像对比较好的通道，如笔者选择的是通道"红"，其状态如图 2.123 所示。

图 2.122　调色后的效果

图 2.123　"红"通道中的状态

（8）复制通道"红"得到"红副本"，按 Ctrl+L 组合键应用"色阶"命令，设置弹出的对话框，如图 2.124 所示，得到如图 2.125 所示的效果。

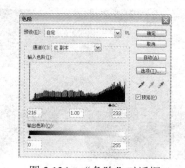

图 2.124　"色阶"对话框

图 2.125　调整通道后的效果

（9）设置前景色为黑色，使用画笔工具并设置适当的画笔大小，将浪花上面的白色图像涂成黑色，如图 2.126 所示。

提示

此时我们已经将浪花图像基本选出，但由于图像明暗的不同，导致浪花内部存在许多镂空的区域。我们可以先不用管这些问题，首先将人物图像导入并调整位置，然后根据需要再继续涂抹，从而降低我们的工作量。

（10）切换至"图层"面板，选择"图层 2"，打开随书所附光盘中的文件"第 2 章\2.5-素材 3.psd"，使用移动工具 将其拖至新建的文件中，得到"图层 3"。按 Ctrl+T 组合键调出自由变换控制框，按住 Shift 键缩小图像并置于如图 2.127 所示的位置。按 Enter 键确认变换操作。

图 2.126　使用画笔涂抹

图 2.127　变换图像

（11）对人物图像进行色彩及细节调整，以匹配整体图像。复制"图层 3"得到"图层 3 副本"，并设置此副本图层的混合模式为"滤色"，得到如图 2.128 所示的效果。

（12）选择"图层 3 副本"，并按 Ctrl+E 组合键执行"向下合并"操作，从而将"图层 3 副本"和"图层 3"合并，且合并后的名称为"图层 3"。

（13）观察图像可以看出其表面较为粗糙，下面来解决这个问题。选择"滤镜"|"模糊"|"表面模糊"命令，在弹出的对话框中设置参数，得到如图 2.129 所示的效果。

图 2.128　设置图层混合模式

图 2.129　模糊后的效果

（14）选择"图像"|"调整"|"照片滤镜"命令，设置弹出的对话框，如图 2.130 所示，得到如图 2.131 所示的效果。

（15）单击创建新的填充或调整图层按钮 ，在弹出的菜单中选择"渐变映射"命令，得到图层"渐变映射 1"，按 Ctrl+Alt+G 组合键执行"创建剪贴蒙版"的操作，在弹出的面板中单击渐变类型显示框，设置弹出的"渐变编辑器"对话框，如图 2.132 所示。

图 2.130　"照片滤镜"对话框　　　　　　　　图 2.131　调整后的效果

（16）单击"确定"按钮返回"渐变映射"面板，并按照如图 2.133 所示进行参数设置，得到如图 2.134 所示的效果。

图 2.132　"渐变编辑器"对话框　　　　　　　图 2.133　"渐变映射"面板

提示
在"渐变编辑器"对话框中，从左至右各个颜色块的颜色值分别为黑色、176597 和白色。

（17）设置图层"渐变映射 1"的混合模式为"滤色"，不透明度为 70%，得到如图 2.135 所示的效果。

图 2.134　渐变后的效果　　　　　　　　　　图 2.135　设置混合模式后的效果

（18）调整图像整体的色调。单击创建新的填充或调整图层按钮 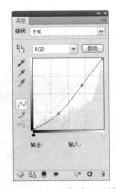，在弹出的菜单中选择"曲线"命令，设置弹出的面板如图 2.136 所示，得到如图 2.137 所示的效果。

图 2.136　"曲线"面板

图 2.137　调整图像后的效果

（19）下面来制作浪花遮盖人物裙摆的效果。切换至"通道"面板，按 Ctrl 键单击通道"红副本"的缩览图以载入其选区。选择"图层 3"，按住 Alt 键单击添加图层蒙版按钮 ，得到如图 2.138 所示的效果。

（20）设置前景色为黑色，选择画笔工具 ，并设置适当的柔和边缘画笔大小，在人物裙摆处进行涂抹，直至得到如图 2.139 所示的效果，此时蒙版中的状态如图 2.140 所示。

图 2.138　添加蒙版后的效果

图 2.139　隐藏图像

（21）打开随书所附光盘中的文件"第 2 章\2.5-素材 4.TIF"，使用磁性套索工具 沿海豚的身体边缘绘制选区，并同时选中底部的浪花图像，如图 2.141 所示。

图 2.140　蒙版中的状态

图 2.141　绘制选区

（22）按 Ctrl+C 组合键执行"复制"操作，关闭当前素材图像，返回本例新建的文件中，按 Ctrl+V 组合键执行"粘贴"操作，得到"图层 4"。

（23）按 Ctrl+T 组合键调出自由变换控制框，按住 Shift 键缩小图像并将其置于图像的右下方，如图 2.142 所示。按 Enter 键确认变换操作。

（24）按 Ctrl 键单击"图层 3"的蒙版缩览图以载入其选区，选择"图层 4"并单击添加图层蒙版按钮  为其添加蒙版，并使用画笔工具 　 在海豚身体下半部分区域进行涂抹，直至得到海豚也被遮盖在浪花下的效果，如图 2.143 所示。

图 2.142　变换图像　　　　　　　　　　图 2.143　涂抹后的效果

（25）选择"图层 4"的缩览图，选择"图像"｜"调整"｜"照片滤镜"命令，设置弹出的对话框，如图 2.144 所示，得到如图 2.145 所示的效果。

图 2.144　"照片滤镜"对话框　　　　　　图 2.145　调整后的效果

（26）对图像的整体色调进行微调。单击创建新的填充或调整图层按钮 　，在弹出的菜单中选择"照片滤镜"命令，设置弹出的面板，如图 2.146 所示，得到如图 2.147 所示的最终效果。"图层"面板如图 2.148 所示。

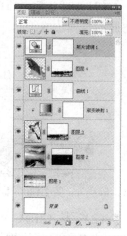

图 2.146　"照片滤镜"面板　　　　　图 2.147　最终效果　　　　　图 2.148　"图层"面板

2.6 水的女人创意表现

例前导读:

本例是以水的女人为主题的创意表现作品。在制作的过程中,主要以处理缠绕人物的水柱图像为核心内容。图像间的融合与水的质感,是本例要学习和掌握的重点。希望读者在尝试制作本例时一定要仔细、认真,以便制作更好的创意作品。

核心技能:

- 应用"曲线"调整图层调整图像的对比度。
- 应用"色相/饱和度"调整图层调整图像的色相及饱和度。
- 利用图层蒙版功能隐藏不需要的图像。
- 利用剪贴蒙版限制图像的显示范围。
- 应用"变形"命令使图像变形。
- 应用"盖印"命令合并可见图层中的图像。
- 应用仿制图章工具 复制图像。

效果文件
光盘\第 2 章\2.6.psd。

操作步骤:

(1)打开随书所附光盘中的文件"第 2 章\2.6-素材 1.psd",如图 2.149 所示。此时的"图层"面板如图 2.150 所示。

图 2.149 素材图像

图 2.150 "图层"面板

提示

本步笔者是以组的形式提供的素材,由于其操作非常简单,在叙述上略显烦琐,读者可以参考最终效果源文件进行参数设置,展开组即可观看到操作的过程。下面调整人物腿部的亮度。

　　（2）选择"曲线 4"作为当前的工作层，单击创建新的填充或调整图层按钮 ，在弹出的菜单中选择"曲线"命令，得到图层"曲线 5"，设置弹出的面板，如图 2.151 到图 2.154 所示，最终得到如图 2.155 所示的效果（局部）。

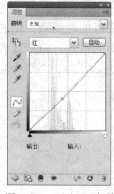 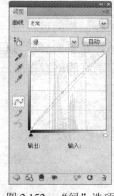 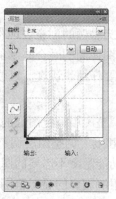 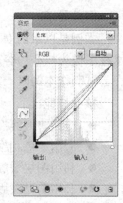

图 2.151　"红"选项　　　图 2.152　"绿"选项　　　图 2.153　"蓝"选项　　　图 2.154　"RGB"选项

　　（3）选择"曲线 5"图层蒙版缩览图，设置前景色为黑色，按 Alt+Del 组合键以前景色填充当前蒙版，更改前景色为白色，选择画笔工具 ，并在其工具选项条中设置画笔为"柔角 10 像素"，不透明度为 50%，在人物腿部边缘进行涂抹，以便将部分色调显示出来，得到的效果如图 2.156 所示。此时蒙版中的状态如图 2.157 所示。

图 2.155　应用"曲线"后的效果　　　图 2.156　编辑蒙版后的效果　　　图 2.157　蒙版中的状态

 提示
　　下面利用素材图像及调整图层的功能，制作人物身后的草地图像。

图 2.158　摆放图像

　　（4）选择组"背景"作为当前的操作对象，打开随书所附光盘中的文件"第 2 章\2.6-素材 2.psd"，使用移动工具 将其拖至第（3）步制作的文件中，并置于人物的腿部，得到的效果如图 2.158 所示。同时得到"图层 1"。

（5）单击创建新的填充或调整图层按钮 ，在弹出的菜单中选择"色相/饱和度"命令，得到图层"色相/饱和度 3"，按 Ctrl+Alt+G 组合键执行"创建剪贴蒙版"操作，设置弹出的面板，如图 2.159 所示，得到如图 2.160 所示的效果。

图 2.159 "色相/饱和度"面板

图 2.160 应用"色相/饱和度"命令后的效果

（6）单击创建新的填充或调整图层按钮 ，在弹出的菜单中选择"曲线"命令，得到图层"曲线 6"，按 Ctrl+Alt+G 组合键执行"创建剪贴蒙版"操作，设置弹出的面板，如图 2.161 到图 2.164 所示，最终得到如图 2.165 所示的效果。"图层"面板如图 2.166 所示。

提示

本步中为了方便图层的管理，在此将制作人物后方的草地的图层选中，按 Ctrl+G 组合键执行"图层编组"操作得到"组 1"，并将其重命名为"后方草地"。在下面的操作中，笔者也对各部分进行了编组的操作，在步骤中不再叙述。下面制作人物的投影效果。

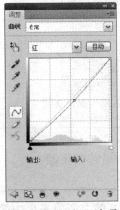

图 2.161 "红"选项

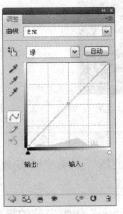

图 2.162 "绿"选项

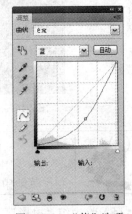

图 2.163 "蓝"选项

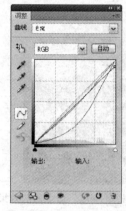
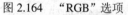

图 2.164 　"RGB"选项　　　图 2.165 　应用"曲线"后的效果　　　图 2.166 　"图层"面板 1

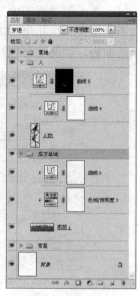

（7）收拢组"后方草地"和组"人"，选择组"草地"作为当前的操作对象，按照第
（2）～（3）步的操作方法，结合"曲线"调整图层及编辑蒙版的功能，制作人物投影效果，
如图 2.167 所示。"图层"面板如图 2.168 所示。

图 2.167 　制作投影效果　　　　　　图 2.168 　"图层"面板 2

提示

　　本步中关于"曲线"面板中的参数设置请参考最终效果源文件。下面
制作草地中的水图像。

　　（8）收拢组"投影"，选择组"人"作为当前的操作对象，打开随书所附光盘中的文件
"第 2 章\2.6-素材 3.psd"，使用移动工具 将其拖至第（7）步制作的文件中，并置于左侧
草地图像的上方，同时得到"图层 2"。在此图层的名称上单击鼠标右键，在弹出的菜单中
选择"转换为智能对象"命令，从而将其转换成为智能对象图层。

提示

　　转换成智能对象图层的目的是，在后面将对"图层 2"图层中的图像进行变形操作，而智能对象图层可以记录下所有的变形参数，以便于我们进行反复的调整。

　　（9）按 Ctrl+T 组合键调出自由变换控制框，按 Shift 键向内拖动控制句柄以缩小图像并旋转角度，然后在控制框内单击鼠标右键，在弹出的菜单中选择"变形"命令，在控制区域内拖动使图像变形，状态如图 2.169 所示。按 Enter 键确认操作。

　　（10）单击创建新的填充或调整图层按钮 ，在弹出的菜单中选择"色相/饱和度"命令，得到图层"色相/饱和度 4"。按 Ctrl+Alt+G 组合键执行"创建剪贴蒙版"操作，设置弹出的面板，如图 2.170 所示，得到如图 2.171 所示的效果。

图 2.169　变形状态

图 2.170　"色相/饱和度"面板

　　（11）单击添加图层蒙版按钮 ，为"图层 2"添加蒙版，设置前景色为黑色，选择画笔工具 在其工具选项条中设置适当的画笔大小及不透明度，在图层蒙版中进行涂抹，以便将左上角的图像隐藏起来，使水与天空图像融合，最终得到的效果如图 2.172 所示。

图 2.171　调色后的效果

图 2.172　添加图层蒙版后的效果

　　（12）选中"图层 2"和"色相/饱和度 4"，按 Ctrl+G 组合键执行"图层编组"的操作，并将得到的组重命名为"草里的水"。然后按 Ctrl+Alt+E 组合键执行"盖印"操作，从而将选中图层中的图像合并至一个新图层中，并将其重命名为"图层 3"。

　　（13）按照第（8）～（9）步的操作方法，将"图层 3"转换成智能对象图层，结合移动工具 及变形功能，制作右侧草地中的水图像，如图 2.173 所示。"图层"面板如图 2.174 所示。

提示

变形的状态，通过按 **Ctrl+T** 组合键调出自由变换控制框，在控制框内单击鼠标右键，在弹出的菜单中选择"变形"命令即可查看。下面制作水柱图像。

图 2.173　制作右侧的水图像

图 2.174　"图层"面板

（14）收拢组"草里的水"，选择组"投影"作为当前的操作对象。利用随书所附光盘中的文件"第 2 章\2.6-素材 4.psd"，结合图层蒙版及调整图层等功能，制作人物右下方的水柱图像，如图 2.175 所示。"图层"面板如图 2.176 所示。

（15）收拢组"水"，按 Ctrl+Alt+E 组合键执行"盖印"操作，并将得到的图层重命名为"图层 5"，此时图像的状态如图 2.177 所示。

图 2.175　制作水柱图像

图 2.176　"图层"面板

图 2.177　盖印后的图像状态

（16）打开随书所附光盘中的文件"第 2 章\2.6-素材 5.psd"，使用移动工具 将其拖至第（15）步制作的文件中，并置于第（15）步得到的图像的上方，如图 2.178 所示。同时得到"图层 6"。

（17）打开随书所附光盘中的文件"第 2 章\2.6-素材 6.psd"，使用移动工具 将其拖至第（16）步制作的文件中，并置于第（16）步得到的图像的上方。按 Ctrl+Alt+G 组合键执行"创建剪贴蒙版"操作，再次使用移动工具 调整图像的位置，得到的效果如图 2.179所示。同时得到"图层 7"。

（18）将"图层 7"拖至创建新图层按钮 上得到"图层 7 副本"，利用自由变换控制框将其顺时针旋转 180 度，并使用移动工具 调整图像的位置，得到的效果如图 2.180所示。

图 2.178　摆放图像　　　　图 2.179　创建剪贴蒙版及移动图像　　　图 2.180　复制及调整图像

（19）按照第（11）步的操作方法为"图层 6"添加蒙版，应用画笔工具 在蒙版中进行涂抹，以便将两端的图像隐藏起来，得到的效果如图 2.181 所示。

（20）结合素材图像、复制图层及变换等功能，完善整体水柱图像，如图 2.182 所示。"图层"面板如图 2.183 所示。

  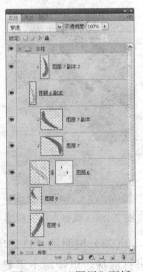

图 2.181　添加图层蒙版后的效果　　　图 2.182　完善整体水柱图像　　　图 2.183　"图层"面板

提示

　　本步所应用到的素材图像为随书所附光盘中的文件"第 2 章\2.6-素材 7.psd"；另外，在制作的过程中，还需要注意各个图层间的顺序。下面制作缠绕人物的水柱图像。

　　（21）收拢组"水柱"，按 Ctrl+Alt+E 组合键执行"盖印"操作，并将得到的图层重命名为"图层 9"，隐藏组"水柱"。根据前面所讲解的操作方法，结合变换、图层蒙版、调整图层及剪贴蒙版等功能，调整水柱的质感，如图 2.184 所示。"图层"面板如图 2.185 所示。

提示

　　1．本步中关于调整图层面板中的参数设置请参考最终效果源文件。在下面的操作中会多次应用到调整图层的功能，笔者不再做相关参数的提示。另外，本步应用到的素材图像为随书所附光盘中的文件"第 2 章\2.6-素材 8.psd"。

　　2．此时，我们可以看出，下方的水柱图像有块缺陷，下面利用仿制图章工具进行修复。

　　（22）选择"图层 10"作为当前的工作层，新建"图层 11"，选择仿制图章工具，设置其工具选项条为 画笔：10 模式：正常 不透明度：100% 流量：100% 对齐 样本：所有图层 。按 Alt 键在水柱的中部单击以定义源图像，如图 2.186 所示。释放 Alt 键，在需要修复的区域进行涂抹，得到类似如图 2.187 所示的效果。

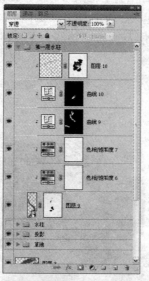

图 2.184　调整水柱的质感　　　　图 2.185　"图层"面板　　　　图 2.186　定义源图像

　　（23）按照第（11）步的操作方法为"图层 11"添加蒙版，应用画笔工具在蒙版中进行涂抹，以便将不需要的图像隐藏起来，如图 2.188 所示。

　　（24）按 Alt 键将"图层 9"拖至组"第一层水柱"的上方，收拢组"第一层水柱"，结合"曲线"调整图层及编辑蒙版的功能，加强水柱的明暗度，如图 2.189 所示。"图层"面板如图 2.190 所示。

提示

　　此时，观看水柱图像有些模糊，缺少一种透彻感，下面利用"锐化"命令来处理这个问题。

图 2.187　修复后的效果　　　图 2.188　添加图层蒙版后的效果　　　图 2.189　加强水柱的明暗度

　　（25）选择"图层 9 副本"，选择"滤镜"│"锐化"│"锐化"命令，如图 2.191 所示为应用"锐化"命令前后的对比效果。

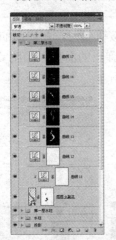  

图 2.190　"图层"面板　　　　　图 2.191　"锐化"命令前后的对比效果

提示

　　下面结合素材图像、图层属性及图层蒙版等功能，制作小水珠图像。

　　（26）收拢组"第二层水柱"，选择组"投影"作为当前的工作层。打开随书所附光盘中的文件"第 2 章\2.6-素材 9.psd"，使用移动工具 将其拖至第（25）步制作的文件中，利用自由变换控制框调整图像的角度及位置，得到的效果如图 2.192 所示。同时得到"图层 12"。

（27）设置"图层 12"的混合模式为"滤色"，以混合图像，得到的效果如图 2.193 所示。按照第（11）步的操作方法为"图层 12"添加蒙版。应用画笔工具 在蒙版中进行涂抹，以便将大块的水珠图像隐藏起来，得到的效果如图 2.194 所示。

图 2.192　调整图层

图 2.193　设置图层混合模式后的效果

图 2.194　添加图层蒙版后的效果

（28）结合复制图层、编辑蒙版及变换等功能，制作人物下半身的水珠图像，如图 2.195 所示。同时得到"图层 12 副本"。

> **提示**
> 下面利用"亮度/对比度"调整图层调整整体图像的亮度及对比度。

（29）选择组"第二层水柱"，单击创建新的填充或调整图层按钮，在弹出的菜单中选择"亮度/对比度"命令，得到图层"亮度/对比度 2"，设置弹出的面板，如图 2.196 所示，得到如图 2.197 所示的最终效果。"图层"面板如图 2.198 所示。

图 2.195　制作下半身的水珠图像

图 2.196　"亮度/对比度"面板

图 2.197　最终效果

图 2.198　"图层"面板

2.7 练 习 题

1. 按照类似本章 2.2 节的操作方法，发散自己的想象力，尝试将其他的图像，如星球、土地、金属等纹理融合在鸡蛋图像上。

2. 打开随书所附光盘中的文件"第 2 章\2.7-1-素材.tif"，如图 2.199 所示，结合"液化"及图层蒙版等功能，尝试制作如图 2.200 所示的杯子环绕在一起的效果。

图 2.199 素材图像　　　　　　　　图 2.200 最终效果

3. 打开随书所附光盘中的文件"第 2 章\2.7-2-素材 1.jpg"和"第 2 章\2.7-2-素材 2.psd"，如图 2.201 所示，结合变换及图层蒙版等功能，将橙子图像融合到鸡蛋当中，如图 2.202 所示。

图 2.201 素材图像　　　　　　　　图 2.202 最终效果

4. 打开随书所附光盘中的文件"第 2 章\2.7-3-素材 1.tif"、"第 2 章\2.7-3-素材 2.tif"和"第 2 章\2.7-3-素材 3.tif"，如图 2.203 所示，结合图层蒙版及混合模式等功能，制作如图 2.204 所示的旧照片效果。

图 2.203　素材图像　　　　　　　　　　　图 2.204　旧照片效果

　　5. 打开随书所附光盘中的文件"第 2 章\2.7-4-素材 1.psd"到"第 2 章\2.7-4-素材 5.psd"，如图 2.205 和图 2.206 所示，结合图层蒙版及混合模式等功能，尝试制作如图 2.207 所示的创意图像效果。

图 2.205　素材 1~3

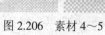

图 2.206　素材 4~5　　　　　　　　　　图 2.207　最终效果

第3章 视 觉 表 现

3.1 视觉表现概述

视觉表现类作品通常都有自己的主题，但这个主题非常的宽泛，甚至有时只是个人一些随性的想法和感觉而已。此类作品本身较为完整，在创作的过程中，极为强调作品的视觉冲击力。

另外，视觉表现也是与前面讲解的基本特效之间"合作"最为紧密的类型，甚至有些视觉表现主题就是将一个或多个特效融合在一起组成的。读者可以在后面的讲解过程中，注意分析各示例图片的组成，以深入理解这一特点。

如图 3.1 到图 3.6 所示是一些比较优秀的视觉表现类作品。

图 3.1 华丽视觉的作品

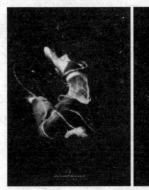

图 3.2 藏酷视觉的作品

图 3.3 混合矢量的作品

图 3.4 怀旧视觉作品

图 3.5　紊乱视觉的作品　　　　　　　　　图 3.6　时尚视觉设计作品

观察上述视觉作品不难看出，视觉类作品在处理的技术上，较为接近特效模拟与创意合成二者的技术合集，也正因为如此，所以它在内容的表现上才能够更加丰富。读者也可以在学习本章的实例时仔细体会这一点。

3.2　矢量视觉绘画设计

例前导读：

本例乍一看非常复杂，但仔细观察不难看出，其中很多的形状都是可以利用 Photoshop 自带的形状绘制得到的，剩余的如人形、地图形及鸟形，则可以先找到相关的素材图像，然后取其剪影效果即可。另外，为了丰富作品的整体效果，我们还分别为各个图形增加了一定的光晕效果。

核心技能：

● 应用"高斯模糊"命令制作图像的模糊效果。

● 使用形状工具绘制形状。

● 利用图层蒙版功能隐藏不需要的图像。

● 通过添加图层样式，制作图像的描边、渐变等效果。

● 应用画笔工具 ✐，配合"画笔"面板中的参数，制作特殊的图像效果。

● 通过设置图层属性以混合图像。

● 利用变换功能调整图像的大小、角度及位置。

效果文件

　　光盘\第 3 章\3.2.psd。

操作步骤：

（1）打开随书所附光盘中的文件"第 3 章\3.2-素材.psd"，在该文件中，共包括了 4 幅素材图像，其"图层"面板的状态如图 3.7 所示。按 Alt 键单击"背景"图层左侧的眼睛图标 👁，以隐藏其他图层。

提示

下面利用素材图像，处理女、男及鸟图像的效果。

（2）显示"素材1"，并将其重命名为"图层1"，结合自由变换控制框将其调整到适合位置，按 Ctrl 键单击"图层1"图层缩览图以调出其选区，设置前景色颜色值为 FF9600，按 Alt+Del 组合键用前景色填充选区，按 Ctrl+D 组合键取消选区，得到如图 3.8 所示的效果。

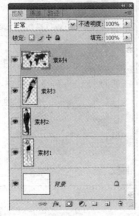

图 3.7　素材图像的"图层"面板　　　　图 3.8　调整图像位置、载入选区及填充颜色后的效果

（3）复制"图层1"得到"图层1"副本，并将其置于"图层1"下方。选择"滤镜"｜"模糊"｜"高斯模糊"命令，在弹出的对话框中设置"半径"数值为3，得到如图 3.9 所示的效果，复制图层的目的是制作模糊的边缘，使其不生硬。

（4）显示"素材2"，并将其重命名为"图层2"，结合自由变换控制框将其调整到适合位置，按 Ctrl 键单击"图层2"图层缩览图以调出其选区，设置前景色颜色值为 34332F，按 Alt+Del 组合键用前景色填充选区，按 Ctrl+D 组合键取消选区。

（5）复制"图层2"得到"图层2副本"，并将其置于"图层2"下方。选择"滤镜"｜"模糊"｜"高斯模糊"命令，得到对应的效果。操作流程如图 3.10 所示。

图 3.9　模糊后的效果　　　　图 3.10　调整图像位置、载入选区、填充颜色及
　　　　　　　　　　　　　　　　　　应用"高斯模糊"命令后的效果

（6）显示"素材 3"，并将其重命名为"图层 3"，结合自由变换控制框将其调整到适合位置，并移动到"背景"图层的上方，按照第（1）步中的方法操作，得到如图 3.11 所示的效果。

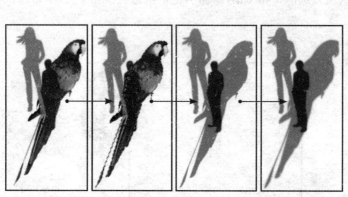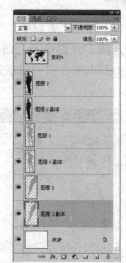

图 3.11　调整飞鸟素材图像的流程图及"图层"面板

 提示
　　下面绘制直线及不规则形状。

（7）选择"图层 3"为当前操作图层，选择直线工具 ，在人物左侧绘制黑色直线，得到"形状 1"。选择"图层 3"，选择钢笔工具 ，单击形状图层命令按钮 ，设置颜色值为 FEAC02，在直线上方绘制形状得到"形状 2"，流程图如图 3.12 所示。

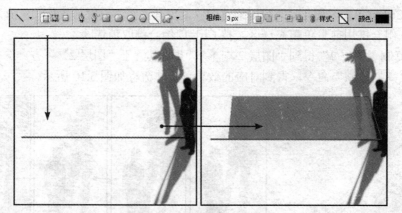

图 3.12　绘制直线及自由形状

 提示
　　下面通过添加图层蒙版为形状制作渐隐的效果。

（8）单击添加图层蒙版命令按钮 为"形状 2"添加图层蒙版，设置前景色为黑色，背景色为白色，选择线性渐变工具 ，在绘制的形状内从左至右绘制渐变，得到如图 3.13 所示的效果，设置当前图层的"不透明度"为 50%，以降低图像的透明度。

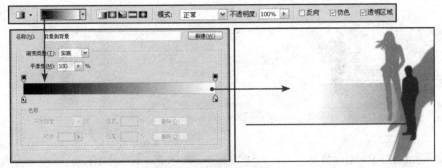

图 3.13 添加图层蒙版后的效果

（9）选择"图层 3"为当前操作图层，选择椭圆工具 ，在靠近渐变处绘制正圆，得到"形状 3"，按 Alt+Shift 组合键向上拖动形状以复制圆，再利用自由变换控制缩小图像大小，图像效果如图 3.14 所示。

 提示
　　在复制圆时，要复制的圆应该使用路径选择工具 选中路径，进行复制。绘制正圆形状的目的是为了方便下面制作圆环。

（10）设置"形状 3"的"填充"数值为 0%，单击添加图层样式命令按钮 *fx* ，在弹出的菜单中选择"描边"命令，描边颜色值为 747474，得到如图 3.15 所示的效果。

图 3.14 绘制圆形图像

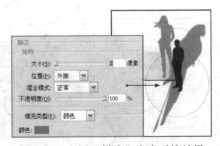

图 3.15 应用"描边"命令后的效果

（11）按 Ctrl 键单击"形状 2"的矢量蒙版缩览图，以调出其选区，按 Alt 键单击添加图层蒙版命令按钮 为"形状 3"添加图层蒙版，得到如图 3.16 所示的效果。

 提示
　　添加图层蒙版的目的是为了隐藏覆盖渐变条的线框。下面绘制装饰直线及图案。

（12）为了区分前后效果，在渐变条上方绘制直线，设置颜色值为 FF9600，使用直线工具 ＼，按照第（4）步的方法操作得到"形状 4"，效果如图 3.17 所示。

图 3.16　添加图层蒙版后的效果　　　　　　　图 3.17　绘制直线

（13）设置前景色颜色值为 FF9600。选择自定形状工具 ☆ 命令按钮，单击形状后的下拉三角按钮 ·，在弹出的形状选择框中选择"花形饰件 3"。在人物下方绘制形状，得到"形状 5"。从图像效果中可以看出，此形状上的 2 个圆点是通过椭圆工具 ○ 绘制的。再选择不同的图案形状，绘制成花束，得到如图 3.18 所示的效果。

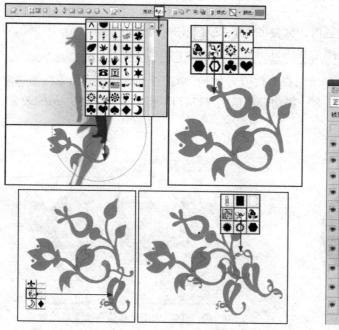 

图 3.18　绘制花束流程图及"图层"面板

提示

在绘制花形形状时，若要保持绘制的形状在同一个形状图层中，可在矢量蒙版被选中的情况下，单击添加到形状区域命令按钮 ◻，或按 Shift 键即可添加到形状。为了方便读者看清绘制形状的效果，笔者隐藏了除"背景"图层以外的所有图层。下面制作不同大小及颜色的花束。

（14）显示除"素材 4"图层以外的所有图层，复制"形状 5"得到"形状 5 副本"，并将其移至"形状 1"的上方，结合自由变换控制框缩小图像，并将颜色值更改为 34332F，得到如图 3.19 所示的效果。

图 3.19 调整图像并更改颜色后的效果

（15）复制"形状 5 副本"得到"形状 5 副本 2"，用鼠标右键单击图层名称，在弹出的菜单中选择"栅格化图层"命令。

（16）选择"滤镜"|"模糊"|"高斯模糊"命令，以制作花的阴影效果，接着复制"形状 5 副本"两次，移至"形状 5 副本 2"上方，结合自由变换控制框分别将其调整到花束周围，如图 3.20 所示。

图 3.20 应用"高斯模糊"命令后的效果、摆放花束图像的位置及"图层"面板

（17）按照上面的方法，为花束制作投影，得到如图 3.21 所示的效果。整体效果如图 3.22 所示。

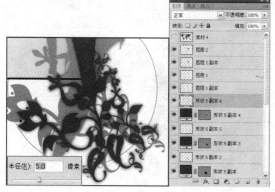

图 3.21　为花束制作投影后的效果及对应的"图层"面板　　　　图 3.22　整体效果

提示

制作地图图像及形状渐变条。

（18）显示"素材 4"，并将其重命名为"图层 4"，将其移至"图层 1 副本"的下方，结合自由变换控制框将其调整到人物右侧。复制"图层 4"得到"图层 4 副本"，并将其移至"图层 4"下方，对其应用"高斯模糊"命令，得到如图 3.23 所示的效果。

（19）选中"形状 3"为当前操作图层，设置前景色颜色值为 B2B2B2，选择钢笔工具 ，并在其工具选项条上单击形状图层命令按钮 ，在地图下方沿花束绘制自由形状，得到"形状 6"，如图 3.24 所示。

图 3.23　调整图像、复制图像及应用"高斯模糊"命令后的效果　　　　图 3.24　绘制形状

（20）为渐变条添加图层蒙版。单击添加图层蒙版命令按钮 为"形状 6"添加图层蒙版，设置前景色与背景色为默认的黑、白色，选择线性渐变工具 ，在灰度框内从右至左绘制渐变，得到如图 3.25 所示的效果。设置"不透明度"为 50%，以降低图像的透明度。

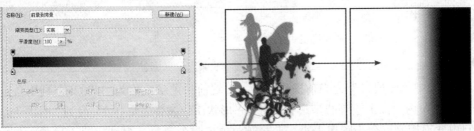

图 3.25 添加图层蒙版后的效果及图层蒙版状态

提示

下面为鹦鹉图像添加图层蒙版。

（21）从图像中可以看出花束已经与鹦鹉融合在一起了。下面选中"图层 3"，单击添加图层蒙版命令按钮 ⬛ ，选择画笔工具 ✎ ，在鹦鹉尾巴处涂抹，按 Alt 键拖动"图层 3"的图层蒙版至"图层 3 副本"上，得到如图 3.26 所示的效果。

图 3.26 添加图层蒙版及复制图层蒙版后的效果

（22）复制"形状 4"得到"形状 4 副本"，并将其颜色值更改为黑色，移至灰度渐变条下方，如图 3.27 所示。

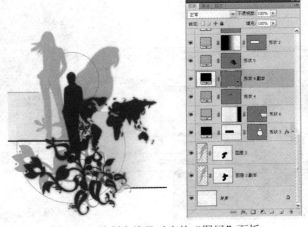

图 3.27 绘制直线及对应的"图层"面板

提示

下面绘制装饰心形形状。

（23）选中"图层 1"为当前操作图层，设置前景色颜色值为 34332F，利用自定形状工具 ，在人物图像上绘制心型形状，得到"形状 7"。复制"形状 7"得到"形状 7 副本"，结合自由变换控制框缩小图像大小，并将颜色值更改为白色，得到如图 3.28 所示的效果。

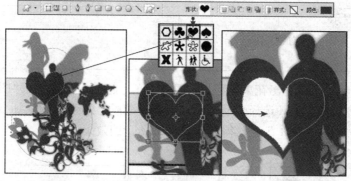

图 3.28　绘制形状、调整大小及更改颜色后的效果

图 3.29　复制形状更改颜色后的效果

（24）复制"形状 7 副本"得到"形状 7 副本 2"，将颜色值更改为 FF9600，接着复制图层，得到如图 3.29 所示的效果。接着再为"形状 7 副本 2"添加"渐变叠加"图层样式，如图 3.30 所示。

提示

下面绘制装饰图像，以丰富画面。

图 3.30　应用"渐变叠加"图层样式后的形状及"图层"面板

（25）利用自定形状工具 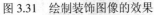，在画面上绘制装饰图像，如图 3.31 所示，分解图如图 3.32 所示。

图 3.31　绘制装饰图像的效果

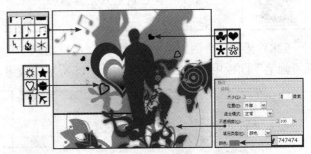

图 3.32　分解图

（26）如图 3.33 所示为制作圆环形状的具体操作过程。

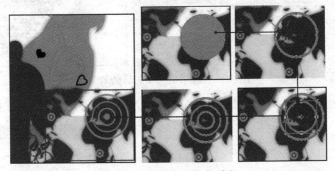

图 3.33　绘制圆环操作过程

> **提示**
>
> 　　从图像效果看出，音符形状带有模糊感。制作的方法是在绘制音符时，复制了音符的形状，得到其副本，用鼠标右键单击图层名称，应用"栅格化图层"命令，再应用"高斯模糊"命令，设置模糊值为 3。在绘制圆环形状时，利用椭圆工具 中的从形状区域减去命令按钮，再结合变换及复制控制框进行绘制。

（27）利用自定义形状工具 ，在黑色直线左侧绘制装饰图像，得到如图 3.34 所示的效果。

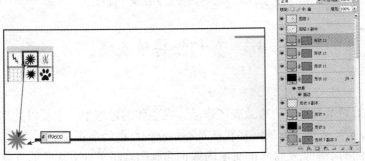

图 3.34　绘制形状图像及"图层"面板

提示

通过画笔绘制光点并输入相关文字，完成制作。

（28）新建一个图层为 "图层 5"，选择画笔工具 ，按 F5 键调出 "画笔" 面板，设置 "画笔" 面板中的参数，得到如图 3.35 所示的效果。

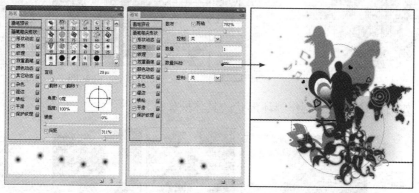

图 3.35　绘制星光图像后的效果

（29）选择横排文字工具 ，最后在画面上输入相关文字，得到如图 3.36 所示的效果。

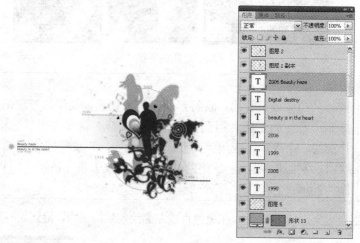

图 3.36　最终效果及 "图层" 面板

3.3　剪切纸特效表现

例前导读：

本例是以剪切纸为主题的特效表现作品。在制作的过程中，主要以处理人物身后的半调图案为核心内容。人物身后的网格线条及不规则的红色线条图像也起着很好的装饰效果。同时，画面右侧的小喇叭及特殊的文字图像也为画面增添了许多活跃的气氛。

核心技能：

● 应用"黑白"调整图层制作图像的黑白效果。

● 利用图层蒙版功能隐藏不需要的图像。

● 通过设置图层属性以混合图像。

● 结合通道及滤镜功能创建特殊的选区。

● 结合路径及用画笔描边路径的功能，为所绘制的路径进行描边。

● 使用形状工具绘制形状。

● 应用"外发光"命令，制作图像的发光效果。

效果文件

　　光盘\第 3 章\3.3.psd。

操作步骤：

（1）打开随书所附光盘中的文件"第 3 章\3.3-素材 1.psd"，如图 3.37 所示。将其作为本例的背景图像。

提示

　　下面结合图层属性及调整图层等功能，调整人物图像。

（2）选择图层"人物"，设置此图层的混合模式为"正片叠底"，以混合图像，得到的效果如图 3.38 所示。

图 3.37　素材图像　　　　　　　　　　图 3.38　设置混合模式后的效果

（3）单击创建新的填充或调整图层按钮 ，在弹出的菜单中选择"黑白"命令，得到图层"黑白 1"。按 Ctrl+Alt+G 组合键执行"创建剪贴蒙版"操作，设置弹出的面板如图 3.39 所示，得到如图 3.40 所示的效果。"图层"面板如图 3.41 所示。

提示

　　本步中为了方便图层的管理，在此将制作人物的图层选中，按 Ctrl+G 组合键执行"图层编组"操作得到"组 1"，并将其重命名为"人物"。在下面的操作中，笔者也对各部分进行了编组的操作，在步骤中不再叙述。下面制作人物身后的楼体图像。

图 3.39　"黑白"面板　　　　　　　　　　图 3.40　应用"黑白"后的效果

（4）选择"背景"图层作为当前的工作层，打开随书所附光盘中的文件"第 3 章\3.3-素材 2.psd"，使用移动工具 ⤢ 将其拖至刚制作的文件中，得到"图层 1"。按 **Ctrl+T** 组合键调出自由变换控制框，按 **Shift** 键向外拖动控制句柄以放大图像及移动位置，按 **Enter** 键确认操作。得到的效果如图 3.42 所示。

图 3.41　"图层"面板　　　　　　　　　　图 3.42　调整图像

（5）选择钢笔工具 ⟋，在工具选项条上选择路径按钮 ▨，沿着人物的轮廓绘制如图 3.43 所示的路径。按 **Ctrl** 键单击添加图层蒙版按钮 ▣ 为"图层 1"添加蒙版，隐藏路径后的效果如图 3.44 所示。

图 3.43　绘制路径　　　　　　　　　　图 3.44　添加图层蒙版后的效果

（6）选择"背景"图层，按照前面所讲解的操作方法，利用素材图像，结合变换、调整图层及剪贴蒙版等功能，制作人物身后的楼体图像，如图 3.45 所示。"图层"面板如图 3.46 所示。

图 3.45　制作楼体图像

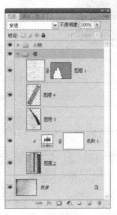

图 3.46　"图层"面板

提示
　　本步所应用到的素材图像为打开随书所附光盘中的文件"第 3 章\3.3-素材 3.psd"到"第 3 章\3.3-素材 5.psd"。另外，设置"图层 2"、"图层 3"和"图层 4"的混合模式均为"正片叠底"。下面制作半调图案效果。

（7）收拢组"楼"，按照第（5）步的操作方法应用钢笔工具，在人物的上方绘制如图 3.47 所示的路径。按 Ctrl+Enter 组合键将路径转换为选区，切换至"通道"面板，单击将选区存储为通道按钮，得到"Alpha1"，选择此通道，按 Ctrl+D 组合键取消选区，此时通道中的状态如图 3.48 所示。

图 3.47　绘制路径

图 3.48　通道中的状态

（8）按 Ctrl+I 组合键应用"反相"命令，得到如图 3.49 所示的效果。选择"滤镜"|"模糊"|"高斯模糊"命令，在弹出的对话框中设置"半径"数值为 30，得到如图 3.50 所示的效果。

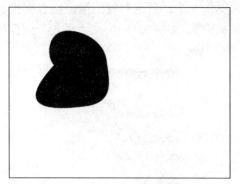

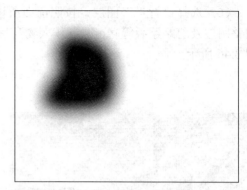

图 3.49 执行"反相"后的效果　　　　　　　图 3.50 模糊后的效果

（9）选择"滤镜"|"像素化"|"彩色半调"命令，设置弹出的对话框如图 3.51 所示，得到如图 3.52 所示的效果。

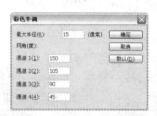

图 3.51 "彩色半调"对话框　　　　　　　图 3.52 应用"彩色半调"后的效果

（10）按 Ctrl 键单击"Alpha1"通道缩览图以载入其选区，按 Ctrl+Shift+I 组合键执行"反向"操作，反向选择当前的选区。切换至"图层"面板，选择"背景"图层，新建"图层 5"，设置前景色为 89182B，按 Alt+Del 组合键以前景色填充选区，按 Ctrl+D 组合键取消选区，得到的效果如图 3.53 所示。

（11）复制"图层 5"得到"图层 5 副本"，利用自由变换控制框调整图像的大小及位置，得到的效果如图 3.54 所示。重复本步的操作，复制"图层 5"5 次，经过调整后的图像效果如图 3.55 所示。

图 3.53 填充后的效果　　　　　　　图 3.54 复制及调整图像

（12）如图 3.56 所示为单独显示第（10）～（11）步时的图像状态，"图层"面板如图 3.57 所示。

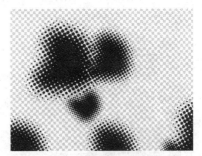

图 3.55　复制及调整图像　　　　　　　　图 3.56　单独显示图像状态

提示

至此，半调图案效果已制作完成。下面制作人物身后的线条图像。

（13）收拢组"半调"，选择直线工具 ，在工具选项条上选择路径按钮 ，并选择添加到形状区域按钮 ，在人物图像上方及右侧绘制如图 3.58 所示的路径。

（14）选择组"半调"，新建"图层 6"，设置前景色为白色，选择画笔工具 ，并在其工具选项条中设置画笔为"柔角 3 像素"，不透明度为 100%。切换至"路径"面板，单击用画笔描边路径按钮 ，隐藏路径后的效果如图 3.59 所示。

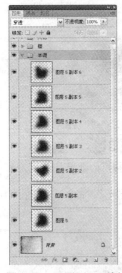

图 3.57　"图层"面板　　　　　　图 3.58　绘制路径　　　　　　图 3.59　描边后的效果

（15）切换回"图层"面板，设置"图层 6"的混合模式为"叠加"，以混合图像，得到的效果如图 3.60 所示。

（16）单击添加图层蒙版按钮 为"图层 6"添加蒙版，设置前景色为黑色，选择渐变工具，并在其工具选项条中选择线性渐变工具 ，在画布中单击鼠标右键，在弹出的渐变显示框中选择渐变类型为"前景色到透明渐变"，然后在蒙版中从不同的角度由外向内绘制渐变，得到的效果如图 3.61 所示。

图 3.60　设置混合模式后的效果　　　　　图 3.61　添加图层蒙版后的效果

（17）设置前景色的颜色值为 E14F64，选择钢笔工具 ，在工具选项条上选择形状图层按钮 在人物的两侧随意绘制线条图像，如图 3.62 所示。同时得到"形状 1"。

 提示

　　下面结合画笔工具 、画笔素材及图层样式等功能，制作画布右侧的喇叭图像。

（18）新建"图层 7"，设置前景色为黑色，打开随书所附光盘中的文件"第 3 章\3.3-素材 6.abr"，选择画笔工具 ，在画布中单击鼠标右键，在弹出的画笔显示框中选择刚刚打开的画笔，在画布的右侧进行涂抹，得到的效果如图 3.63 所示。

图 3.62　绘制形状　　　　　　　　图 3.63　涂抹后的效果

（19）单击添加图层样式按钮 ，在弹出的菜单中选择"外发光"命令，设置弹出的对话框如图 3.64 所示，得到的效果如图 3.65 所示。

图 3.64　"外发光"命令对话框　　　　　图 3.65　添加图层样式后的效果

提示
　　在"外发光"对话框中，颜色块的颜色值为 FFFFBE。下面制作文字图像。

　　（20）选择直排文字工具 T，设置前景色的颜色值为黑色，并在其工具选项条上设置适当的字体和字号，在画布的右侧输入如图 3.66 所示的文字，并得到相应的文字图层。
　　（21）按照第（19）步的操作方法为文字图层中的图像添加"外发光"图层样式，以制作文字的发光效果，如图 3.67 所示。"图层"面板如图 3.68 所示。

图 3.66　输入文字

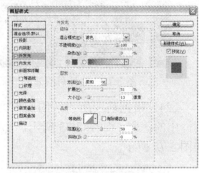

图 3.67　发光效果

提示
　　在"外发光"对话框中，颜色块的颜色值为 FF0000。

　　（22）收拢组"装饰线条"，选择组"半调"作为操作对象，利用随书所附光盘中的文件"第 3 章\3.3-素材 7.psd"，结合变换及图层蒙版等功能，调整画布下方的彩光效果，如图 3.69 所示。如图 3.70 所示为单独显示本步的图像状态，同时得到"图层 8"。

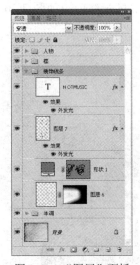

图 3.68　"图层"面板

图 3.69　制作彩光效果

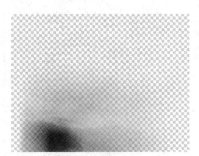

图 3.70　单独显示的图像状态

（23）新建"图层 9"，设置前景色为 BF1C5D，选择画笔工具 ✐，并在其工具选项条中设置适当的画笔大小及不透明度，在人物右侧及头部左侧进行涂抹，得到的效果如图 3.71 所示。如图 3.72 所示为单独显示本步的图像状态。设置当前图层的不透明度为 42%，以降低图像的透明度。

图 3.71　涂抹后的效果　　　　　　　　图 3.72　单独显示的图像状态

（24）根据前面所讲解的操作方法，结合画笔工具 ✐ 及图层属性的功能，进一步调整画面中的色彩，如图 3.73 所示。如图 3.74 所示为单独显示本步的图像状态。"图层"面板如图 3.75 所示。

图 3.73　涂抹后的效果　　　　　　　　图 3.74　单独显示的图像状态

（25）设置组"调色"的混合模式为"变暗"，以混合图像，得到的最终效果如图 3.76 所示。

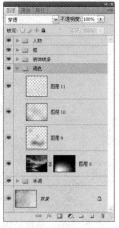

图 3.75　"图层"面板　　　　　　　　图 3.76　最终效果

3.4 飞 舞 文 字

例前导读：

本例展示的文字案例创新之处在于，将文字作为画笔进行使用，以绘画的手段与方法使用文字型画笔，从而改变了以往作品中文字出现的形式，给人全新的视觉感受。在制作过程中将文字定义为画笔，并通过设置画笔的参数进行绘制是本例的重点。

核心技能：

● 应用 "定义画笔预设" 命令定义画笔，制作特殊的图像效果。

● 应用渐变工具绘制渐变。

● 应用画笔工具 ，配合 "画笔" 面板中的参数，制作特殊的图像效果。

效果文件
光盘\第 3 章\3.4.psd。

操作步骤：

（1）按 Ctrl+N 组合键，设置新文件的宽度与高度均为 14 厘米、分辨率为 72 像素/英寸，从而新建一个文件。设置前景色为黑色，使用文本工具输入文字 Love、TRUST 和 Emotion，隐藏背景图层。

（2）选择矩形选框工具，在其工具选项条上设置 "羽化" 数值为 0，使用矩形选框工具围绕 Love 绘制一个选择区域，如图 3.77 所示。

（3）选择 "编辑" | "定义画笔预设" 命令，在弹出的对话框中直接单击 "确定" 按钮，以将选择区域中的文字定义成为一个画笔。

（4）对另外的两个文字重复执行第（2）～（3）步，将其同样定义成为画笔。完成后，在 "画笔" 面板中将显示出这 3 个文字型画笔，如图 3.78 所示。

图 3.77 绘制选择区域

图 3.78 完成定义的画笔

（5）按 Ctrl+N 组合键，在弹出的对话框的"预设"菜单中选择"1024×768"，单击"确定"按钮得到一个新文件。

注意

　　　　读者也可以直接调用笔者已经保存好的画笔文件，位置为随书所附光盘中的文件"第 3 章\3.4-素材.abr"。

（6）在工具箱中选择径向渐变工具 ，在其工具选项条中单击渐变条，设置弹出的"渐变编辑器"对话框，如图 3.79 所示。

注意

　　　　对话框渐变条下方的 3 个色块的色值分别为 000000、183D88、93CBEC。

（7）从图像的最上方垂直拖动渐变工具至最下方，得到如图 3.80 所示的渐变背景。

图 3.79　"渐变编辑器"对话框　　　　　　　　　　图 3.80　渐变背景

（8）设置前景色为白色，选择画笔工具 ，在"画笔"面板中选择使用文字 Love 定义的画笔，设置其参数如图 3.81 所示，设置此画笔的"不透明度"、"流量"数值均为 100%。

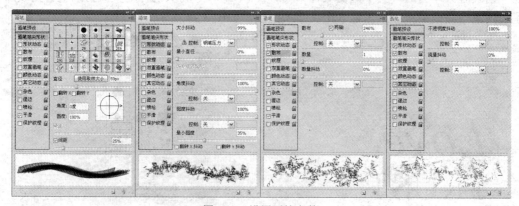

图 3.81　设置画笔参数

（9）新建一个图层为"图层 1"，使用画笔绘制出一个心形的轮廓，如图 3.82 所示。反复使用此画笔在心形轮廓内进行涂抹，直至将心形填满。设置"图层 1"的"不透明度"为 60%，得到如图 3.83 所示的效果。

图 3.82 绘制轮廓

图 3.83 在轮廓内涂抹后的效果

（10）新建一个图层得到"图层 2"，设置"图层 2"的"不透明度"为 80%，将当前使用的 Love 形画笔的"直径"设置为 70，其他参数不变，在心形的中间位置涂抹，以增加心形的立体感觉，得到如图 3.84 所示的效果。

（11）新建一个图层为"图层 3"，设置"图层 3"的"不透明度"为 90%，将当前使用的 Love 形画笔的"直径"设置为 28，其他参数不变，在心形的右侧涂抹，以增加心形的立体高亮区域，得到如图 3.85 所示的效果。

图 3.84 第二次绘制的效果

图 3.85 第三次绘制的效果

（12）新建一个图层为"图层 4"，将 Love 形画笔的"直径"设置为 245，"间距"数值设置为 188%，其他参数不变，在心形的周围涂抹，以得到散在其周围的文字，如图 3.86 所示。

（13）新建一个图层为"图层 5"，选择使用文字 TRUST 定义的文字画笔，设置"间距"数值为 155%，在心形的周围涂抹，以得到散在其周围的文字，如图 3.87 所示。

图 3.86 在周围绘制后的效果

图 3.87 使用 TRUST 画笔绘制后的效果

注意

　　由于在设置 Love 形画笔参数时，已经通过单击画笔参数右侧的锁形图标，使其成为 形，而将参数锁定，因此当我们再选择 TRUST 形画笔时，已经设置好的参数能够被继承下来，无须再进行设置。

　　（14）新建一个图层为"图层 6"，选择使用文字 Emotion 定义的文字画笔，"直径"设置为 49，"间距"数值设置为 285%，在心形的周围涂抹，以得到散在其周围的文字，如图 3.88 所示。

　　（15）将前景色设置为红色，分别输入 The、Love、Trust 和 Emotion，并修改其位置，得到如图 3.89 所示的最终效果。"图层"面板如图 3.90 所示。

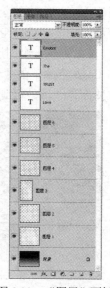

图 3.88　使用 Emotion 画笔绘制　　　　图 3.89　最终效果　　　　图 3.90　"图层"面板
　　　　　　　后的效果

3.5　图　像　混　合

例前导读：

　　本例是一个较为复杂的混合图像示例，使用了许多素材图像，并通过改变大小、混合模式、透明度和添加边框等方法将这些素材图像较好地组合在了一起。这样的案例本身并没有体现深刻的主题，完全是一种视觉上的创意设计。因此各位读者在学习后可以根据自己的技术进行自由发挥，创意设计出具有个人风格的图像混合作品，由于本例的制作过程较为复杂，因此笔者将其分为了两个部分分别进行讲解。

核心技能：

● 通过设置图层属性以混合图像。
● 利用图层蒙版功能隐藏不需要的图像。

- 应用"曲线"调整图层、图像的对比度。
- 通过添加图层样式，制作图像的投影、描边等效果。
- 应用绘图工具绘制图像。
- 利用变换功能调整图像的大小、角度及位置。

效果文件
光盘\第 3 章\3.5.psd。

操作步骤：

第一部分　添加并处理图像

（1）按 Ctrl+N 组合键新建一个文件，设置弹出的对话框，如图 3.91 所示。设置前景色的颜色值为 CAA190，按 Alt+Del 组合键填充"背景"图层。

（2）打开随书所附光盘中的文件"第 3 章\3.5-素材 1.tif"，如图 3.92 所示。使用移动工具 按住 Shift 键将其拖至新建的文件中，得到"图层 1"，并设置该图层的混合模式为"柔光"，得到如图 3.93 所示的效果。

图 3.91　"新建"命令对话框

图 3.92　素材图像

（3）打开随书所附光盘中的文件"第 3 章\3.5-素材 2.tif"，使用移动工具 将其拖至新建的文件中，得到"图层 2"，并将图像置于文件的右上角，设置该图层的混合模式为"强光"，不透明度为 70%，得到如图 3.94 所示的效果。

图 3.93　设置混合模式后的效果

图 3.94　设置图层属性后的效果

（4）单击添加图层蒙版命令按钮 为"图层 2"添加蒙版，设置前景色为黑色，选择画笔工具 并设置适当的柔和画笔大小，在人物的边缘进行涂抹以将其隐藏，得到如图 3.95 所示的效果。

（5）打开随书所附光盘中的文件"第 3 章\3.5-素材 3.tif"，按照本例第（3）~（4）步的方法进行操作，得到如图 3.96 所示的效果，同时得到"图层 3"。

图 3.95　隐藏图像（一）

图 3.96　隐藏图像（二）

（6）打开随书所附光盘中的文件"第 3 章\3.5-素材 4.tif"，使用移动工具 将其拖至新建的文件中，得到"图层 4"。按 Ctrl+T 组合键调出自由变换控制框，按住 Shift 键将图像缩小为适当大小，按 Enter 键确认变换操作，并将其置于文件的右下角，如图 3.97 所示。

（7）使用矩形选框工具 在第（6）步摆放的图像上绘制如图 3.98 所示的选区。单击添加图层蒙版命令按钮 为"图层 4"添加蒙版，并设置该图层的混合模式为"强光"，不透明度为 50%，得到如图 3.99 所示的效果。

图 3.97　置于适合位置

图 3.98　绘制选区

（8）选择"图层 4"的蒙版缩览图，设置前景色为黑色，选择画笔工具 并设置适当的柔和画笔大小，在图像的顶部进行涂抹以将其隐藏，得到如图 3.100 所示的效果。

图 3.99　设置图层属性后的效果

图 3.100　隐藏图像

（9）单击创建新的填充或调整图层命令按钮 ，在弹出的菜单中选择"曲线"命令，设置弹出的面板如图 3.101 所示，得到如图 3.102 所示的效果。

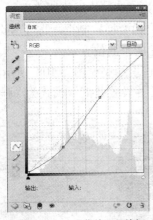

图 3.101 "曲线"面板

图 3.102 应用"曲线"命令后的效果

（10）选择"图层 1"，单击添加图层蒙版命令按钮 ◙ 为其添加蒙版，设置前景色为黑色，选择画笔工具 ✐ 并设置适当的柔和画笔大小，在右侧两个人物身上进行涂抹，得到如图 3.103 所示的效果，此时蒙版中的状态如图 3.104 所示。

图 3.103 隐藏图像

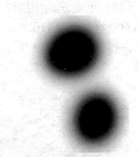

图 3.104 蒙版中的状态

（11）打开随书所附光盘中的文件"第 3 章\3.5-素材 5.tif"，使用移动工具 ⊕ 将其拖至新建的文件中，得到"图层 5"。按 Ctrl+T 组合键调出自由变换控制框，按住 Shift 键缩小图像并置于如图 3.105 所示的位置。按 Enter 键确认变换操作。

（12）设置"图层 5"的混合模式为"强光"，不透明度为 70%。单击添加图层蒙版命令按钮 ◙ 为"图层 5"添加蒙版，设置前景色为黑色，选择画笔工具 ✐ 在图像的顶部涂抹以将其隐藏，得到如图 3.106 所示的效果。

图 3.105 自由变换控制状态

图 3.106 隐藏图像

（13）打开随书所附光盘中的文件“第 3 章\3.5-素材 6.tif”，使用移动工具将其拖至新建的文件中，得到“图层 6”，按 Ctrl+T 组合键调出自由变换控制框，按住 Shift 键缩小图像，按 Enter 键确认变换操作，并将其置于如图 3.107 所示的位置。

（14）使用矩形选框工具在第（13）步变换的图像上绘制如图 3.108 所示的选区，单击添加图层蒙版命令按钮 为“图层 6”添加蒙版，并设置其混合模式为“强光”，“填充”数值为 60%，得到如图 3.109 所示的效果。

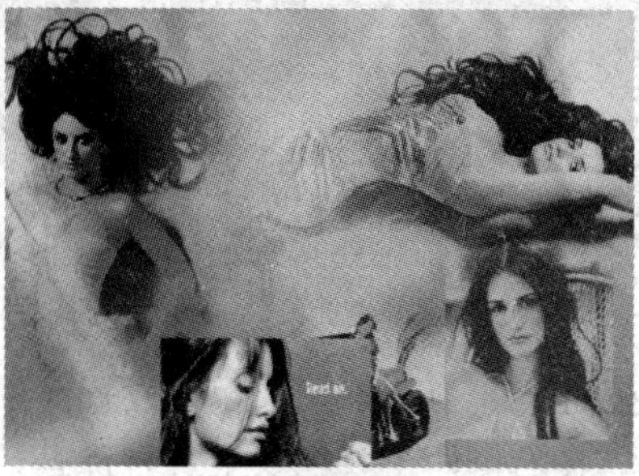

图 3.107　置于适合位置

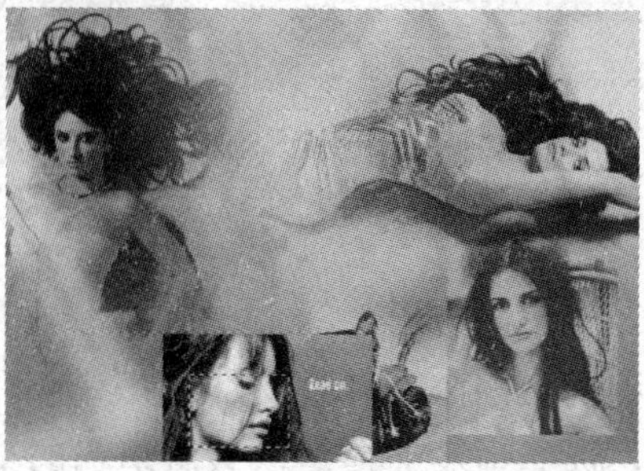

图 3.108　绘制选区

（15）单击添加图层样式命令按钮，在弹出的菜单中选择“投影”命令，设置弹出的对话框如图 3.110 所示。在该对话框中选择“描边”选项，并设置其对话框如图 3.111 所示，得到如图 3.112 所示的效果。

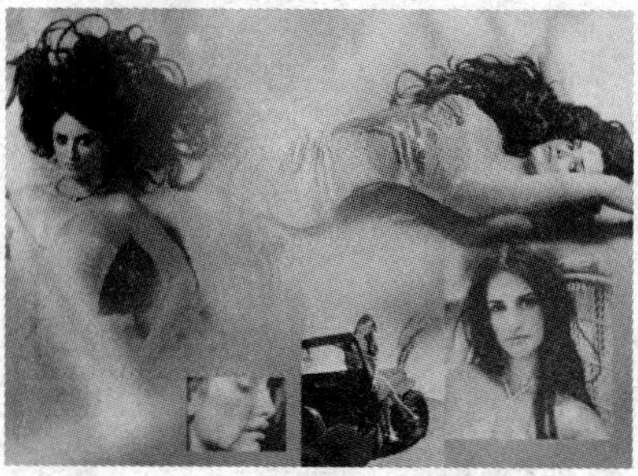

图 3.109　设置混合模式及填充数值后的效果

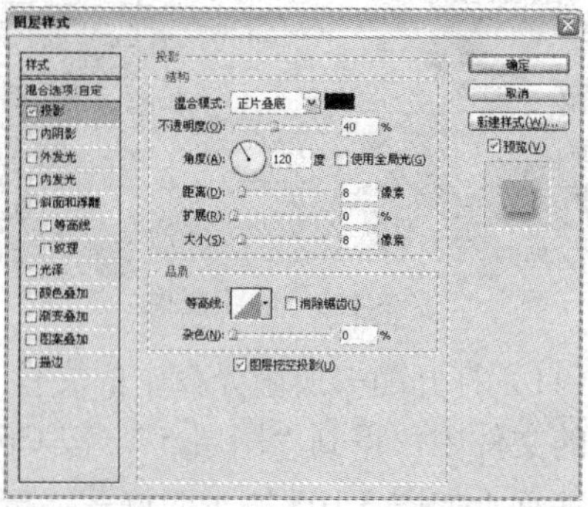

图 3.110　“投影”命令对话框

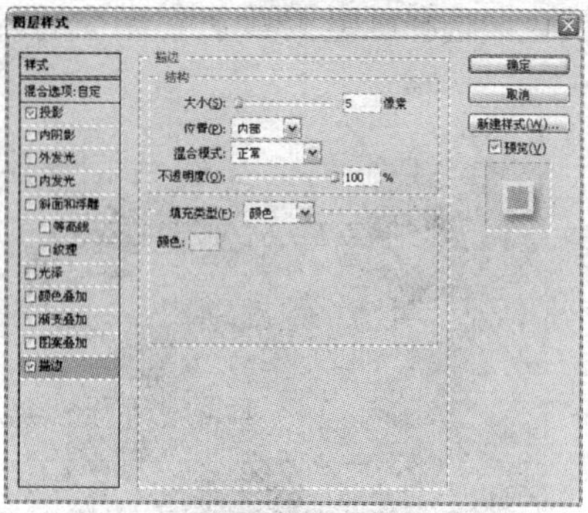

图 3.111　“描边”命令对话框

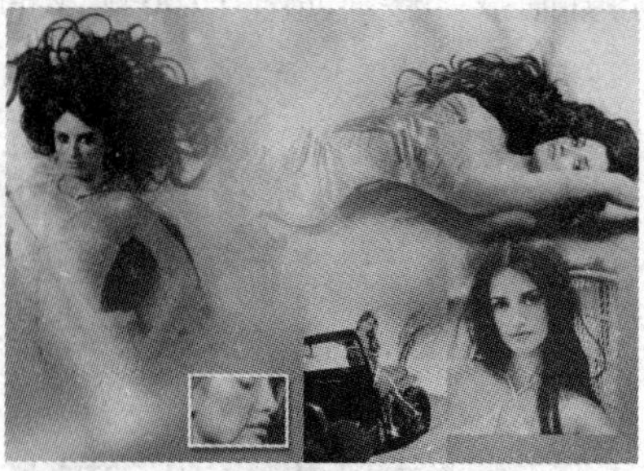

图 3.112　应用图层样式后的效果

提示

在"描边"对话框中，颜色块的颜色值为 FFEBE6。

（16）打开随书所附光盘中的文件"第 3 章\3.5-素材 7.ti"到"第 3 章\3.5-素材 9.tif"，如图 3.113 所示。按照本例第（13）～（15）步的方法制作得到如图 3.114 所示的效果，同时得到"图层 7"、"图层 8"和"图层 9（该图层不添加任何图层样式）"，此时的"图层"面板如图 3.115 所示。

图 3.113　素材图像

图 3.114　制作后的效果　　　　　　　　　图 3.115　"图层"面板

第二部分　绘制图形并完成整体效果

（1）在所有图层上方新建一个图层为"图层 10"，设置前景色的颜色值为 FAE7E7。选

择矩形工具 ▢ 并在其工具选项条上选择填充像素命令按钮 ▢，在图像的左侧中间处绘制如图 3.116 所示的矩形。

　　（2）单击添加图层样式命令按钮 *fx.*，在弹出的菜单中选择"描边"命令，设置弹出的对话框如图 3.117 所示，得到如图 3.118 所示的效果。

图 3.116　绘制矩形

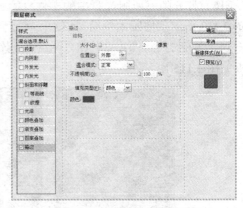

图 3.117　"描边"命令对话框

提示
　　在"描边"对话框中，颜色块的颜色值为 863617。

　　（3）复制"图层 10"得到"图层 10 副本"，选择"编辑"|"变换"|"旋转 90 度（顺时针）"命令，使用移动工具 ▸⊹ 将复制得到的图像置于文件的左侧，如图 3.119 所示。

图 3.118　应用"描边"命令后的效果

图 3.119　复制图像

　　（4）设置前景色的颜色值为 863617，选择横排文字工具 T,并设置适当的字体和字号，在上面绘制的水平和垂直矩形上分别输入"**TRY TO FOCUS MY ATTENTION**"和"**I NEED SOME HELP,SOME INSPIRATION**"，如图 3.120 所示。

　　（5）在所有图层上方新建一个图层为"图层 11"，设置前景色为白色，选择矩形工具 ▢ 并在其工具选项条上选择填充像素命令按钮 ▢，在图像中绘制如图 3.121 所示的两个白色矩形。

图 3.120 输入文字 　　　　　　　　　　图 3.121 绘制矩形条

（6）设置"图层 11"的混合模式为"柔光"，不透明度为 50%，得到如图 3.122 所示的效果。

（7）新建一个图层为"图层 12"，设置前景色为黑色，使用矩形工具 ▢ 分别在图像的顶部和底部绘制如图 3.123 所示的黑色矩形条，设置"图层 12"的混合模式为"柔光"，不透明度为 30%，得到如图 3.124 所示的效果。

图 3.122 设置混合模式及不透明度后的效果 　　　图 3.123 绘制矩形条

（8）新建一个图层为"图层 13"，按照第（7）步的方法在图像中绘制如图 3.125 所示的矩形图像，并设置当前图层的混合模式为"柔光"，不透明度为 30%，得到如图 3.126 所示的效果。

图 3.124 设置混合模式及不透明度后的效果 　　　图 3.125 绘制矩形条

（9）新建一个图层为"图层 14"，设置前景色为白色，使用矩形工具 □ 在图像的左下方绘制如图 3.127 所示的白色矩形，设置当前图层的混合模式为"柔光"，不透明度为 50%，得到如图 3.128 所示的效果。

图 3.126　设置混合模式及不透明度后的效果　　　　　图 3.127　绘制矩形条

（10）新建一个图层为"图层 15"，按照第（9）步的方法在图像右下角绘制如图 3.129 所示的白色矩形，并设置当前图层的混合模式为"柔光"，得到如图 3.130 所示的效果。

图 3.128　设置混合模式及不透明度后的效果　　　　　图 3.129　绘制白色矩形

（11）分别设置前景色的颜色值为白色和 A0562F，选择横排文字工具 T 并设置适当的字体和字号，在图像的右下角输入如图 3.131 所示的文字，同时得到两个对应的文字图层。

图 3.130　设置混合模式后的效果　　　　　图 3.131　输入文字

（12）在所有图层上方新建一个图层为"图层 16"，设置前景色为白色。选择画笔工具 ✎ 并显示"画笔"面板，单击面板右上角的面板按钮 ▾≡，在弹出的菜单中选择"替换画笔"命令，在弹出的对话框中选择画笔。

（13）在"画笔"面板中选择第（12）步载入的大小为 590 的画笔，在图像的左下角处单击，即可得到如图 3.132 所示的最终效果。"图层"面板如图 3.133 所示。

图 3.132　最终效果

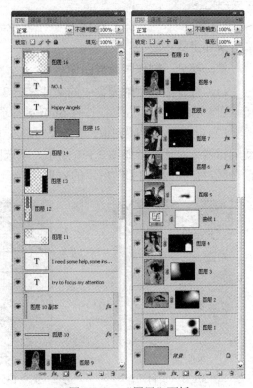

图 3.133　"图层"面板

3.6　视觉艺术设计——Watching

例前导读：

在本例的视觉艺术设计作品中，主要是靠图像中心大大小小且五颜六色的眼睛图像作为视觉中心点，而其他的图形、图像则是用于支撑眼睛图像，或者作为其陪衬的。读者可以在制作过程中仔细体会这一点。

核心技能：

- 应用渐变工具绘制渐变。
- 通过添加图层样式，制作图像的发光、投影等效果。
- 使用形状工具绘制形状。
- 应用画笔工具 ✐ 配合"画笔"面板中的参数，制作特殊的图像效果。
- 应用"色相/饱和度"调整命令调整图像的色相及饱和度。
- 应用"曲线"命令调整图像的亮度。
- 利用变换功能调整图像的大小、角度及位置。

效果文件

　光盘\第 3 章\3.6.psd。

操作步骤：

第一部分　制作眼睛群图像

（1）打开随书所附光盘中的文件"第 3 章\3.6-素材 1.TIF"作为背景纹理，如图 3.134 所示。使用椭圆选框工具 ⬭，按住 Shift 键在图像中间绘制一个正圆形选区，如图 3.135 所示。

（2）制作单个眼睛图像。选择径向渐变工具 ▣，单击渐变类型显示条并设置弹出的"渐变编辑器"对话框，如图 3.136 所示。从选区的中间向边缘绘制渐变，按 Ctrl+D 组合键取消选区，得到如图 3.137 所示的效果。

图 3.134　素材图像

图 3.135　绘制选区

图 3.136　"渐变编辑器"对话框

提示

　在"渐变编辑器"对话框中，从左至右各个颜色块的颜色值为 4E4E4E 和黑色。

（3）新建一个图层为"图层 2"，设置前景色为白色，选择椭圆工具 ⬭ 并在其工具选项条上选择填充像素按钮 ▢，按住 Shift 键在黑色正圆中间绘制一个如图 3.138 所示的白色正圆。

图 3.137　绘制渐变

图 3.138　绘制正圆

（4）单击添加图层样式按钮 *fx.*，在弹出的菜单中选择"内发光"命令，设置弹出的对话框，如图 3.139 所示，得到如图 3.140 所示的效果。

（5）打开随书所附光盘中的文件"第 3 章\3.6-素材 2.psd"，使用移动工具 将其拖至背景纹理图像中，得到"图层 3"。按 Ctrl+T 组合键调出自由变换控制框，按住 Shift 键缩小图像并将其置于白色正圆的中间，如图 3.141 所示。按 Enter 键确认变换操作。

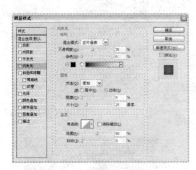

图 3.139　"内发光"命令对话框　　图 3.140　添加图层样式后的效果　　图 3.141　变换图像

（6）按 Ctrl+U 组合键应用"色相/饱和度"命令，分别设置弹出的对话框，如图 3.142 和图 3.143 所示，得到如图 3.144 所示的效果。

图 3.142　选择"红色"选项　　　图 3.143　选择"黄色"选项　　　图 3.144　调色后的效果

（7）按 Ctrl+M 组合键应用"曲线"命令，设置弹出的对话框，如图 3.145 所示，得到如图 3.146 所示的效果。

（8）将"图层 1"、"图层 2"和"图层 3"选中，按 Ctrl+Alt+E 组合键执行"盖印"操作，从而将选中图层中的图像合并至新图层中，得到"图层 3（合并）"，并将此图层重命名为"图层 4"。隐藏"图层 1"、"图层 2"和"图层 3"，选择"图层 4"，此时的"图层"面板如图 3.147 所示。

（9）单击添加图层样式按钮 *fx.*，在弹出的菜单中选择"外发光"命令，设置弹出的对话框，如图 3.148 所示，得到如图 3.149 所示的效果。

（10）复制"图层 4"得到"图层 4 副本"，并将该副本图层拖至"图层 4"的下方，然后按 Ctrl+T 组合键调出自由变换控制框，按住 Shift 键缩放该图像并向右上方移动，将其置于如图 3.150 所示的位置。

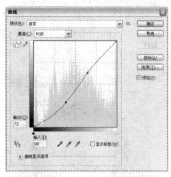

图 3.145　"曲线"对话框

图 3.146　调整曲线后的效果

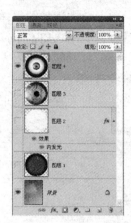

图 3.147　"图层"面板

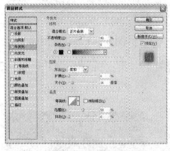

图 3.148　"外发光"命令对话框

图 3.149　添加图层样式后的效果

图 3.150　变换图像

（11）按 Enter 键确认变换操作。按 Ctrl+U 组合键应用"色相/饱和度"命令，设置弹出的对话框，如图 3.151 所示，得到如图 3.152 所示的效果。

图 3.151　"色相/饱和度"对话框

图 3.152　调整颜色后的效果

（12）按照本例第（8）～（9）步的操作方法，制作出如图 3.153 所示的效果。此时的"图层"面板如图 3.154 所示。

（13）将"图层 4"及其副本图层全部选中，按 Ctrl+E 组合键执行"合并图层"操作，并将合并后的图层命名为"图层 4"。

（14）复制"图层 4"得到"图层 4 副本"，选择"滤镜"|"模糊"|"高斯模糊"命令，在弹出的对话框中设置"半径"数值为 4，得到如图 3.155 所示的效果。

图 3.154　"图层"面板

图 3.153　制作眼睛群图像

（15）设置"图层 4 副本"图层的混合模式为"滤色"，"填充"数值为 50%，得到如图 3.156 所示的效果。

图 3.155　模糊图像

图 3.156　设置图层混合模式

（16）按 Ctrl 键单击"图层 4 副本"的缩览图以载入其选区，单击创建新的填充或调整图层按钮 ，在弹出的菜单中选择"亮度/对比度"命令，设置弹出的面板，如图 3.157 所示，得到如图 3.158 所示的效果，同时得到一个 "亮度/对比度 1" 图层。

图 3.157　"亮度/对比度"面板

图 3.158　调整图像后的效果

第二部分　完成整体效果

（1）设置前景色的颜色值为 EDE939。选择钢笔工具 ，并在其工具选项条上选择形状图层按钮 ，在图像的左侧绘制如图 3.159 所示的路径，同时得到图层"形状 1"。

（2）按照第（1）步的方法，分别设置前景色的颜色值为 E69619 和 E61e19，绘制如图 3.160 所示的图形，同时得到图层"形状 2"和"形状 3"。

图 3.159　绘制黄色图形

图 3.160　绘制其他图形

提示

　　在下面的操作过程中，将继续使用"形状 1"、"形状 2"和"形状 3"这 3 个形状的颜色，为了便于表述，我们分别将与"形状 1"相同的颜色命名为"黄色"，与"形状 2"相同的颜色命名为"橙色"，与"形状 3"相同的颜色命名为"红色"。

（3）给各个颜色的图形绘制碎边效果。选择画笔工具 ，并按 F5 键显示"画笔"面板，单击该面板右上角的面板按钮 ，在弹出的菜单中选择"替换画笔"命令，在弹出的对话框中打开随书所附光盘中的文件"第 3 章\3.6-素材 3.abr"。

（4）设置前景色为"黄色"，在图层"形状 1"上方新建一个图层为"图层 5"，选择大小为 373 的画笔，在黄色图形的下方单击，得到如图 3.161 所示的效果。

（5）选择大小为 590 的画笔并将其更改为 400，然后在黄色图形左侧的地方单击，得到如图 3.162 所示的效果。

图 3.161　使用画笔添加点状图像

图 3.162　制作碎边效果

（6）使用套索工具 ，在图像的左上方绘制如图 3.163 所示的选区，按 Ctrl+Alt+Shift 组合键单击"图层 5"的缩览图以得到它们相交后的选区，设置前景色的颜色值为"红色"，填充选区然后取消选区，得到如图 3.164 所示的效果。

图 3.163　绘制选区　　　　　　　　　　　图 3.164　填充颜色

（7）在"图层"面板的顶部新建一个图层为"图层 6"，设置前景色为"橙色"，选择大小为 290 的画笔，显示"画笔"面板并按照如图 3.165 所示进行参数设置，在橙色图形上方单击，得到如图 3.166 所示的效果。

（8）在图层"形状 1"下方新建一个图层为"图层 7"，设置前景色为"红色"，选择大小为 590 的画笔并将其缩小，然后在红色图形的上方单击，得到类似如图 3.167 所示的效果。

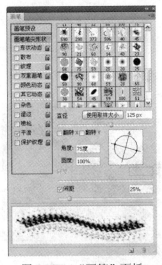  

图 3.165　"画笔"面板　　　　图 3.166　绘制橙色图像　　　　图 3.167　绘制红色图像

（9）将"图层"面板中"图层 7"及其上方的图层选中，如图 3.168 所示，然后将它们拖至"图层 4"的下方，得到如图 3.169 所示的效果，此时的"图层"面板如图 3.170 所示。

（10）按照本部分上面所述的方法在眼睛的右下方制作类似的图形及碎边效果，如图 3.171 所示，此时的"图层"面板如图 3.172 所示。

（11）设置前景色为黑色，结合使用钢笔工具 、圆角矩形工具 及矩形工具 在眼睛图像的下方及右侧绘制如图 3.173 所示的黑色图形，同时得到图层"形状 7"。

图 3.168　选择图层

图 3.169　图像效果

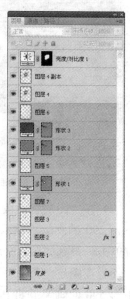

图 3.170　调整图层顺序

图 3.171　制作右下方图像

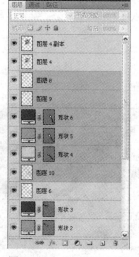

图 3.172　"图层"面板

图 3.173　绘制图形

（12）选择图层"形状 7"，单击添加图层样式按钮 ，在弹出的菜单中选择"投影"命令，设置弹出的对话框，如图 3.174 所示（此对话框中颜色块的颜色值为 979211），得到如图 3.175 所示的效果。

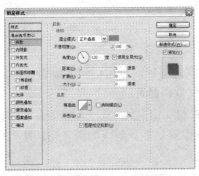

图 3.174 "投影"对话框

图 3.175 投影效果

（13）结合使用直线工具 ＼ 和横排文字工具 T,在眼睛图像右侧的矩形上输入文字并绘制一条直线，如图 3.176 所示，得到一个对应的文字图层和图层"形状 8"。

（14）选择钢笔工具 ，并在其工具选项条上选择形状图层按钮 □ ，在图像的底部绘制如图 3.177 所示的图形。

图 3.176 输入文字

图 3.177 绘制图形

（15）如图 3.178 所示为本例的整体效果，此时的"图层"面板如图 3.179 所示。

图 3.178 整体效果

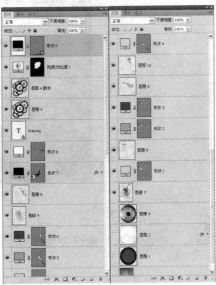

图 3.179 "图层"面板

3.7　练　习　题

1．以本章 3.2 节的图像为主体，以 3.6 节的图像为背景，运用适当的编辑方法，调整其形状、色彩等属性，合成得到一幅协调、完整的视觉作品。

2．打开随书所附光盘中的文件"第 3 章\3.7-1-素材 1.tif"到"第 3 章\3.7-1-素材 6.tif"，如图 3.180 所示。结合图层蒙版、混合模式及绘制图像等功能，制作如图 3.181 所示的图像效果。

图 3.180　素材 1-6

图 3.181　最终效果

3．打开随书所附光盘中的文件"第 3 章\3.7-2-素材.psd"，如图 3.182 所示。结合绘制渐变、绘制图形、滤镜及画笔绘画等功能，尝试制作如图 3.183 所示的简约型视觉作品。

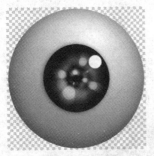

图 3.182 素材图像

图 3.183 最终效果

4. 打开随书所附光盘中的文件"第 3 章\3.7-3-素材 1.psd"到"第 3 章\3.7-3-素材 9.psd"，如图 3.184 所示。使用变换功能将各个素材图像摆放在合适的位置，然后使用混合模式及图层样式等功能对它们进行融合处理，直至得到类似如图 3.185 所示的效果为止。

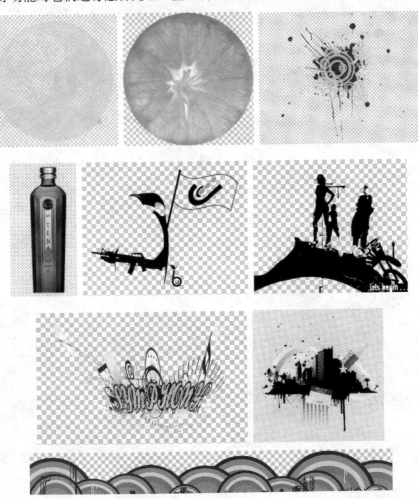

图 3.184 素材图像

图 3.185　最终效果

5. 结合本章讲解的视觉表现案例及前面各题的操作，对比前面第 1、2 章中讲解的特效及合成案例，尝试从技术及表现内容两方面，各总结出至少一条的相同点。

第4章 广告设计

4.1 广告设计概述

4.1.1 广告的定义

广告，即"广而告之"，广告分为广义的广告和狭义的广告。前者包括商业广告和非商业广告，后者仅指商业广告。广告的信息可通过各种媒介（如报纸、杂志、电视、无线电广播和网络等）传递给观众或听众。

广告具有以下一些固定的特点。

- 广告的对象是消费者或者公众。
- 广告的目的是为了传达某种信息、观念。
- 广告的内容需要通过各种媒体进行传播。

一个完整的广告包括以下基本要素。

- 广告主，指需要进行广告宣传的广告公司或广告创作者的雇主，通常是政府机构、社会团体、厂商企业、科研单位、学校、其他经济组织或个人等；可以是本国的，也可以是外国的。
- 广告对象，也称目标对象或诉求对象。可根据商品的特点、企业营销的重点来确定目标对象，以实现广告诉求对象的明确性。
- 广告内容，即广告所需传播的信息，它包括商品信息、劳务信息、观念信息等。
- 广告媒介，广告信息的传播必须依靠媒介。媒介有报纸、杂志、广播、电视和户外广告等非人际传播的媒介。各种媒介有各自的特点，应按照广告整体策划来选择媒介。
- 广告目的，即广告活动的出发点，广告整体策划中的每一时段的广告活动都有明确的目的，以便顺利实现广告整体策划的目标。
- 广告费用，广告是一种付费的传播活动，广告主只有支付一定的费用，广告整体策划才能得以顺利实施。

如图 4.1 所示展示了几款具有基本要素的平面商业广告。

图 4.1　具有基本要素的平面商业广告

图 4.1　具有基本要素的平面商业广告（续）

综上所述，广告的定义可以概括为，将各种高度精练的信息，采用艺术手法，有计划地通过一定的媒体向公众传递某种商品、劳务服务或文娱节目等的宣传活动。

4.1.2　广告的设计原则

广告的设计原则主要包括真实性、创新性、形象性及感情性原则。这些原则是针对广告设计所提出的基础性的、指导性的准则。

1. 真实性原则

真实性是所有广告进行创作的前提。作为一种有责任的信息传递方式，真实性原则始终是广告设计首要的和基本的原则。一个名不副实的商品或服务，如果采取广告的形式进行宣传，只会更快的消失。

如果要增加广告的真实性，方式之一是可以在广告中加入实拍的影像。例如，对于平面广告而言应该加入大量实际拍摄的照片，如图 4.2 所示。除此之外，可以大量运用权威的数据，对广告主题进行佐证。

图 4.2　在广告中应用了产品的照片

2. 创新性原则

没有创意的广告，很难在信息量巨大的社会中引起人们的注意，因此广告设计的创新性原则是一个非常重要的原则，没有创新的广告只会在社会中平庸地传播，不可能引起太大的广告效果。要保证广告的创新性，则需要广告设计人员具有独特的创意。

如图 4.3 所示的几则广告均极具创新性。左图的广告将摩天轮替换成为一个新鲜的橙子，表现出冰箱的保鲜功能可以为您的生活带来新鲜和快乐的感觉；右图的广告整体看来非常夸张，是将一个摄影爱好者置于一个即将翻跟头的赛车旁边，以此来体现出相机的强大拍摄性能——想近距离拍摄精彩画面，只需要使用具有 12 倍光学变焦的 Kodak 相机就可以了。

图 4.3　独具创意的广告

3. 形象性原则

产品形象和企业形象是品牌和企业以外的心理价值，是人们对商品品质和企业感情产生的联想。现代广告设计重视品牌和企业形象的打造，因此如何创造品牌和企业的良好形象，是现代广告设计的重要课题。例如，在如图 4.4 所示的可口可乐系列广告中都充满了一贯的红色，给人一种充满动感和激情的形象。

在这个方面，进行广告创作之前应该有足够的策划方案进行支持，从而使广告在创作时不会偏离当初所策划的形象。

图 4.4　形象性广告

4. 感情性原则

人非圣贤，当然有七情六欲，而这正是广告创作的切入点之一。因为，人们的购买行为受感情因素的影响非常大，因此在现代广告设计中必须灵活运用感情性原则。

感情性原则是在广告中采取各种手段极力渲染广告主题的感情色彩，从而引起消费者情感上的共鸣，进而影响其在现实中的行为。例如，如图 4.5 所示是一些利用平面广告的感情性原则创作的优秀广告作品。

图 4.5　渲染感情色彩的广告

4.1.3　广告创意常见过程

广告创意的过程大致可以总结为 4 个阶段，下面分别讲解各个阶段的主要工作。

1．研究广告的产品和市场情况

首先应彻底了解广告产品。

- 了解本产品设计制造的目的是什么？
- 了解本产品与同类产品相比有什么优异之处？
- 怎样设计才能取得与同类产品的竞争权？

然后再了解竞争的产品。

- 在市场中本品牌的竞争品牌是什么？
- 竞争品牌是如何设计制造的？
- 竞争品牌是否比本品牌更好？
- 竞争品牌与本品牌差别程度如何？　为什么会有如此差别？
- 竞争品牌的销售主题是什么？　表现手法是否合乎实际？

最后是了解消费者。

- 谁是现在及潜在的消费者？
- 消费者为什么要购买产品？
- 消费者在哪里购买？
- 你的产品能满足消费者什么样的需求和欲望？

- 消费者的职业分布、年龄和购买习惯是什么?
- 消费者的心理价位是多少?

2.孕育构想意念

了解了足够多的信息后,可采取发散性思维的方式,先从不同的角度,尝试寻找到一个"说服"消费者的"理由"。

发散性思维越广泛越好,点子越多越好,层次越丰富越好,最后过滤、分类,形成一种凝聚多种构想的组合创意。

3.把握灵感闪现

当发散性思维角度足够多时,可通过理性的分析与整理,寻找到一些可行的广告方案,然后,以此为重点,继续进行定向思维。在此过程中,许多设计师都会有豁然开朗的感觉。

重视某些闪现的灵感,并在此基础上进行选择、组合、修正、深化,基本上就能够将某些构想升华为一个初具雏形的广告创意。

4.反复修改

成功的创意需要付出艰辛的思维劳动,反复思索、推理、苦心追求,遇到困难和挫折不能气馁,要坚持下去,调整自己的思路,采用新的途径和思维方式,在新的思索中获得灵感并迸发出闪亮的创意火花。最终获得自己及客户都认可的广告方案。

4.1.4 平面广告设计元素

无论在哪类平面广告设计中,都少不了必要的构成要素,这些元素通常由商品名、商标、插图和文案等组合而成,下面分别进行讲解。

1.插图

图形与音乐一样,都是能够跨越文化、地域、民族的国际化语言,在当前越来越国际化的浪潮中,广告图形成为越来越重要的创意语言。

广告中的图形,可以是具象的,也可以是抽象的、装饰性的或漫画性的,无论采用哪一种图形都要根据广告的内容和主题来适当地选择。为了取得更有震撼性的视觉效果,也有许多广告采用电脑合成图像作为广告的主体图形,如图 4.6 所示。

图 4.6 使用电脑合成的图像作为广告主体图像

一幅好的广告插图应该实现下面几个功用中的一种。

- 传达诉求点。效果简练、主题明确的图形,能够使消费者快速领悟。

- 吸引消费者的注意力。视觉效果突出的图形，能够在瞬间吸引消费者的注意力。
- 向消费者传递产品的真实信息。

2. 商标

除非是一个极其知名的企业或产品，否则在广告中都应该出现企业的标志或产品的商标，因为在广告中企业的标志与产品的商标，并不是一个单纯的装饰物，它具有在短时间内让消费者容易、轻松地识别的作用。

3. 标题

如果广告创意是广告内在的"魂"，那么广告的标题就是广告外部的"神"，是广告中最重要的构成要素之一。广告标题，类似于乐章里的高潮部分、诗歌中的诗眼、绘画中点睛妙笔一样，其最重要的作用就是使消费者更容易地了解广告、记住广告。广告标题贵在精辟，要言简意赅，言有限而意无穷。正如人们常说的"题好文一半"、"题高文则深"，许多成功的广告设计作品，往往是由于一句好的标题而成功的。如图 4.7 所示的广告即属于此类。

图 4.7　标题成功的广告

4. 标语

广告标语是一种较长时期内反复使用的特定用语，其主要任务就是宣传鼓动，吸引读者注意，加强商品印象。好的广告标语，能够给人留下深刻的印象，使人一听到或看到广告口号就联想起商品或广告内容，就像是语言类型的商标。

广告标语与广告标题不尽相同。广告标语必须是完整的句子，具有一定的含义，能够引发人的联想，而且在同一产品的多个广告中不会发生变化。

5. 广告正文文案

广告正文文案包括各类厂家或商品的说明文，生产厂家名称、地址，以及销售单位名称、地址等。其中说明文是广告正文文案的主要内容，其要求是以尽量少的词汇传递尽可能多的信息。

除了正文方案的写作外，正文的编排也要有艺术感，许多广告感觉起来商业气息不足，很大原因就是编排较差。如图 4.8 所示的广告在正文文案的编排方面较为出色。

图 4.8 优秀编排的广告

4.2 环保公益海报设计

例前导读:

本例是以环保公益为主题的海报设计作品。在制作的过程中,设计师以绿色作为主色调。另外,画面中的乐器及不同类型、大小的音乐符,充分地呼应主题——"绿色行动计划让你我从点滴做起",悠享生活每一天。

核心技能:

- 应用渐变工具绘制渐变。
- 结合画笔工具 ✎ 及画笔素材制作特殊的图像效果。
- 利用"创建剪贴蒙版"的功能限制图像的显示范围。
- 应用画笔工具 ✎ 绘制图像。
- 通过添加图层蒙版隐藏不需要的图像。
- 使用"变形"命令使图像变形。
- 通过设置图层的属性融合图像。

 效果文件
光盘\第 4 章\4.2.psd。

操作步骤:

(1) 按 **Ctrl+N** 组合键新建一个文件,在弹出的对话框中设置文件的大小为 36 厘米× 27 厘米,分辨率为 72 像素/英寸,背景色为白色,颜色模式为 8 位的 **RGB** 模式,单击"确定"按钮退出对话框。

(2) 选择渐变工具,在其工具选项条中选择线性渐变工具 ■,单击渐变显示框,设置弹出的对话框,如图 4.9 所示。从画面的上方至下方绘制渐变,得到的效果如图 4.10 所示。

图 4.9　"渐变编辑器"对话框

图 4.10　绘制渐变

提示

　　在"渐变编辑器"对话框中，渐变类型各色标值从左至右分别为 026FA5、30BCD1 和 DCF1F4。下面制作草地图像。

　　（3）选择椭圆工具 ◯ ，在工具选项条上选择路径按钮 ▧ ，在画布的下方绘制如图 4.11 所示的路径。按 Ctrl+Enter 组合键将路径转换为选区，新建"图层 1"，设置前景色为 4AAD34，选择渐变工具，在其工具选项条中选择线性渐变工具 ▤ ，在画布中单击鼠标右键，在弹出的渐变显示框中选择渐变类型为"前景色到透明渐变"。

　　（4）保持选区，应用渐变工具从选区的上方至下方绘制渐变，按 Ctrl+D 组合键取消选区，得到的效果如图 4.12 所示。

图 4.11　绘制路径

图 4.12　绘制渐变

提示

　　下面结合画笔工具 ✎ 及画笔素材模拟逼真的草地图像。

　　（5）新建"图层 2"，设置前景色为 61B853。打开随书所附光盘中的文件"第 4 章\4.2-素材 1.abr"。选择画笔工具 ✎ ，在画布中单击鼠标右键，在弹出的画笔显示框中选择刚刚打开的画笔，并在其工具选项条中设置不透明度为 80%。在半圆形图像上方进行涂抹，得到的效果如图 4.13 所示。

（6）按照第（5）步的操作方法，结合画笔工具 ✐ 及画笔素材等功能，模拟更加逼真的草地图像，如图 4.14 所示。"图层"面板如图 4.15 所示。

图 4.13　涂抹后的效果　　　　　　　　　　图 4.14　模拟逼真的草地图像

提示

1. 本步所应用到的画笔素材为"第 4 章\4.2-素材 1.abr"和"第 4 章\4.2-素材 2.abr"；关于图像的颜色值、应用的画笔、画笔大小及不透明度的设置请参见图层名称上对应的文字信息。

2. 为了方便图层的管理，笔者在此将制作草地的图层选中，按 Ctrl+G 组合键执行了"图层编组"的操作。在下面的操作中，笔者也对各部分进行了编组的操作，在步骤中不再叙述。下面制作乐器图像。

（7）收拢组"草地"，打开随书所附光盘中的文件"第 4 章\4.2-素材 3.PSD"，使用移动工具 ⊹ 将其拖至第（6）步制作的文件中，得到"图层 3"。按 Ctrl+T 组合键调出自由变换控制框，按 Shift 键向内拖动控制句柄以缩小图像并移动位置，按 Enter 键确认操作。得到的效果如图 4.16 所示。

图 4.15　"图层"面板　　　　　　　　　　图 4.16　调整图像

（8）新建"图层 4"，按 Ctrl+Alt+G 组合键执行"创建剪贴蒙版"操作，设置前景色为 11580D。选择画笔工具 ✐，打开并选择随书所附光盘中的文件"第 4 章\4.2-素材 4.abr"，然后在乐器图像上进行涂抹，得到的效果如图 4.17 所示。

（9）分别设置前景色为 38930D 和 2FCC16，应用第（8）步使用的画笔继续在乐器图像上进行涂抹，得到的效果如图 4.18 所示。

（10）新建"图层 5"，分别设置前景色为 0B4C05、22EC03 和 38930D，应用第（9）步使用的画笔继续在乐器图像上进行涂抹，得到的效果如图 4.19 所示。

图 4.17　涂抹后的效果 1　　　图 4.18　涂抹后的效果 2　　　图 4.19　涂抹后的效果 3

提示
　　下面结合素材图像、盖印及图层蒙版等功能，制作乐器图像中的纹理效果。

（11）选中"图层 3"到"图层 5"，按 Ctrl+Alt+E 组合键执行"盖印"操作，从而将选中图层中的图像合并至一个新图层中，并将其重命名为"图层 6"。隐藏"图层 6"。

提示
　　本步执行"盖印"操作的目的是想得到乐器及装饰图像的选区。

（12）打开随书所附光盘中的文件"第 4 章\4.2-素材 5.PSD"，使用移动工具 将其拖至第（11）步制作的文件中，得到"图层 7"。利用自由变换控制框调整图像的大小及位置，得到的效果如图 4.20 所示。

（13）按 Ctrl 键单击"图层 6"图层缩览图以载入其选区，单击添加图层蒙版按钮 为"图层 7"添加蒙版，得到的效果如图 4.21 所示。

（14）按照第（12）～（13）步的操作方法，利用随书所附光盘中的文件"第 4 章\4.2-素材 6.PSD"，结合移动工具 、变换及图层蒙版的功能，添加乐器中的纹理效果，如图 4.22 所示。同时得到"图层 8"。

图 4.20　调整图像　　　　　　　　图 4.21　添加图层蒙版后的效果

（15）选择"图层 8"图层蒙版缩览图，设置前景色为黑色，选择画笔工具 ✐ 并选择第（8）步打开的画笔，继续在蒙版中进行涂抹，以便将部分图像隐藏起来，得到的效果如图 4.23 所示，此时蒙版中的状态如图 4.24 所示。

图 4.22　制作纹理图像

图 4.23　编辑蒙版后的效果

（16）选择"图层 7"作为当前的工作层，利用随书所附光盘中的文件"第 4 章\4.2-素材 7.PSD"，结合移动工具 ▸⊹ 及变换功能，制作乐器左侧的枝叶图像，如图 4.25 所示。同时得到"图层 9"，"图层"面板如图 4.26 所示。

图 4.24　蒙版中的状态

图 4.25　制作枝叶图像

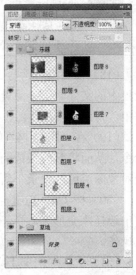

图 4.26　"图层"面板

提示

至此，大乐器图像已制作完成。下面制作右侧的小乐器及楼体图像。

（17）收拢组"乐器"，根据前面所讲解的操作方法，利用素材图像，结合移动工具 ▸⊹、变换、图层蒙版及画笔工具 ✐ 等，制作另外一个小乐器及楼体图像，如图 4.27 所示。"图层"面板如图 4.28 所示。

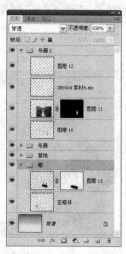

图 4.27　制作乐器及楼体图像　　　　　　　图 4.28　"图层"面板

提示

　　本步中所应用到的素材图像为随书所附光盘中的文件"第 4 章\4.2-素材 4.abr"和"第 4 章\4.2-素材 6.PSD",以及"第 4 章\4.2-素材 8.PSD"到"第 4 章\4.2-素材 11.PSD"。关于图像的颜色值笔者已标明在相应的图层名称上。下面制作草坪图像。

　　(18)收拢组"乐器 2"和组"草地",选择组"乐器 2"作为操作对象,打开随书所附光盘中的文件"第 4 章\4.2-素材 12.PSD",使用移动工具 ►+ 将其拖至第(17)步制作的文件中,得到"图层 14"。

　　(19)在"图层 14"的名称上单击鼠标右键,在弹出的菜单中选择"转换为智能对象"命令,从而将其转换成为智能对象图层。在后面将对该图层中的图像进行变形操作,而智能对象图层可以记录下所有的变形参数,以便于我们进行反复的调整。

　　(20)按 Ctrl+T 组合键调出自由变换控制框,在控制框内单击鼠标右键,在弹出的菜单中选择"变形"命令,在控制框内拖动使图像变形,状态如图 4.29 所示,按 Enter 键确认操作。

　　(21)设置"图层 14"的混合模式为"线性加深",以混合图像,得到的效果如图 4.30 所示。

图 4.29　变形状态　　　　　　　　　　图 4.30　设置混合模式后的效果

（22）单击添加图层蒙版按钮 为"图层 14"添加蒙版，设置前景色为黑色，选择画笔工具 ，在其工具选项条中设置适当的画笔大小及不透明度，在图层蒙版中进行涂抹，以便将下方部分图像隐藏起来，得到如图 4.31 所示的效果。

> **提示**
> 下面结合路径及矢量蒙版的功能，制作音乐符图像。

（23）打开随书所附光盘中的文件"第 4 章\4.2-素材 13.PSD"，使用移动工具 将其拖至第（22）步制作的文件中，得到"图层 15"。利用自由变换控制框调整图像的大小及位置，得到的效果如图 4.32 所示。

图 4.31　添加图层蒙版后的效果

图 4.32　调整图像

（24）选择自定形状工具 ，并在其工具选项条中选择路径按钮 ，以及添加到路径区域按钮 ，在画布中单击鼠标右键，在弹出的形状显示框中分别选择不同的音乐符，如图 4.33 所示。在叶子图像中绘制如图 4.34 所示的路径（为了方便观看路径状态，笔者在此暂时隐藏了"图层 15"）。

图 4.33　选择音乐符

图 4.34　绘制路径

>
> **提示**
> 在默认情况下，刚刚使用的形状并不全包括在 Photoshop 的形状中，我们可以单击形状选择框右上角的三角按钮 ，在弹出的菜单中选择"全部"命令，然后在弹出的提示框中单击"确定"按钮，从而将所有 Photoshop 自带的形状载入进来，这时我们就可以在其中找到刚刚所使用的形状了。另外，在绘制路径的过程中，还配合使用了自由变换的功能。

（25）按 Ctrl 键单击添加图层蒙版按钮 为"图层 15"添加蒙版，隐藏路径后的效果如图 4.35 所示。

图 4.35　添加图层蒙版后的效果

提示

　　下面制作装饰及宣传语元素，并完成制作。

（26）打开随书所附光盘中的文件"第 4 章\4.2-素材 14.PSD"，按 Shift 键使用移动工具 将其拖至第（25）步制作的文件中，得到的最终效果如图 4.36 所示。"图层"面板如图 4.37 所示。

图 4.36　最终效果

图 4.37　"图层"面板

提示

　　本步笔者是以组的形式给的素材，由于其操作非常简单，在叙述上略显烦琐，读者可以参考最终效果源文件进行参数设置，展开组即可观看到操作的过程。另外，在组"装饰"中应用到的画笔为随书所附光盘中的文件"第 4 章\4.2-素材 15.abr"。

4.3　商场促销设计

例前导读：

　　本例是以商场促销为主题的设计作品。在制作的过程中，以处理醒目的主题文字"满200 送 100～200"的立体效果为核心内容，突出主题，进而让人们再次关注其他相关说明文字，以达到促销的目的。

核心技能：

● 应用"渐变叠加"图层样式制作图像的渐变效果。

● 通过设置图层的属性融合图像。

● 利用剪贴蒙版的功能限制图像的显示范围。

● 应用形状工具绘制形状。

- 结合路径及渐变填充图层的功能，制作图像的渐变效果。
- 通过添加图层蒙版隐藏不需要的图像。
- 应用自由变换控制框调整图像的大小、角度及位置。

效果文件
光盘\第 4 章\4.3.psd。

操作步骤：

（1）打开随书所附光盘中的文件"第 4 章\4.3-素材 1.psd"，如图 4.38 所示。将其作为本例的背景图像。

提示
本步笔者是以组的形式给的素材，由于其操作非常简单，在叙述上略显烦琐，读者可以参考最终效果源文件进行参数设置，展开组即可观看到操作的过程。下面制作主题文字图像。

（2）选择横排文字工具 T，设置前景色的颜色值为 FFE100，并在其工具选项条上设置适当的字体和字号，在人物的右上方输入文字"满 200"，如图 4.39 所示。同时得到相应的文字图层。在此图层的名称上单击鼠标右键，在弹出的菜单中选择"转换为智能对象"命令，从而将其转换成为智能对象图层。

图 4.38　素材图像　　　　　　　　　　图 4.39　输入文字

（3）按 Ctrl+T 组合键调出自由变换控制框，在控制框内单击鼠标右键，在弹出的菜单中选择"斜切"命令，然后拖动各个控制句柄以制作图像的斜切效果，如图 4.40 所示。按 Enter 键确认操作。

（4）单击添加图层样式按钮 **fx.**，在弹出的菜单中选择"渐变叠加"命令，设置弹出的对话框，如图 4.41 所示，得到如图 4.42 所示的效果。

（5）打开随书所附光盘中的文件"第 4 章\4.3-素材 2.pat"，单击创建新的填充或调整图层按钮 ，在弹出的菜单中选择"图案"命令，设置弹出的对话框，如图 4.43 所示，单击"确定"按钮退出对话框。

图 4.40　变换状态

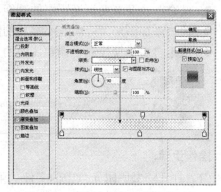

图 4.41　"渐变叠加"命令对话框

图 4.42　添加图层样式后的效果

图 4.43　"图案填充"对话框

提示
　　在"图案填充"对话框中，所选择的图案为本步打开的素材图案。

　　（6）按 Ctrl+Alt+G 组合键执行"创建剪贴蒙版"操作，得到如图 4.44 所示的效果。同时得到"图案填充 1"。设置此图层的混合模式为"颜色减淡"，不透明度为 65%，以便混合图像，得到的效果如图 4.45 所示。

图 4.44　创建剪贴蒙版后的效果

图 4.45　设置图层属性后的效果

提示
　　至此，文字"满 200"已制作完成。下面制作其他文字图像。

（7）按照第（2）～（4）步的操作方法，结合文字工具、变换及图层样式等功能，制作文字"满 200"下方的文字图像，如图 4.46 所示。同时得到图层"送"和"100 200"。

提示

　①本步中关于图像的斜切状态，按 Ctrl+T 组合键调出自由变换控制框即可查看；②本步中关于图层样式对话框中的设置请参考最终效果源文件。在下面的操作中会多次应用到图层样式的操作，笔者将不再进行相关参数的提示。下面制作文字中的图案效果。

（8）按 Alt 键将"图案填充 1"分别拖至图层"送"和图层"100 200"的上方，得到"图案填充 1 副本"和"图案填充 1 副本 2"，并分别按 Ctrl+Alt+G 组合键执行"创建剪贴蒙版"操作，得到如图 4.47 所示的效果。

提示

　至此，文字图像已制作完成。下面制作数字 100 与 200 间的符号图像。

图 4.46　制作其他文字图像

图 4.47　复制及创建剪贴蒙版后的效果

（9）选择"图案填充 1 副本 2"，设置前景色的颜色值为 FFE100，选择钢笔工具，在工具选项条上选择形状图层按钮，在数字 100 与 200 间绘制如图 4.48 所示的形状，得到"形状 1"。

（10）结合"渐变叠加"图层样式、复制图层及创建剪贴蒙版的功能，制作符号图像的渐变及图案效果，如图 4.49 所示。"图层"面板如图 4.50 所示。

图 4.48　绘制形状

图 4.49　制作渐变及图案效果

提示

　　为了方便图层的管理，笔者在此将制作主题文字的图层选中，按 Ctrl+G
组合键执行了"图层编组"的操作，并将得到的组重命名为"主题文字"。
在下面的操作中，笔者也对各部分进行了编组的操作，在步骤中不再叙述。
下面制作主题文字的立体效果。

　　（11）收拢组"主题文字"，选择组"背景"作为当前的操作对象。选择钢笔工具 ，
在工具选项条上选择路径按钮 ，在下方的文字图像上绘制如图 4.51 所示的路径。

　　（12）单击创建新的填充或调整图层按钮 ，在弹出的菜单中选择"渐变"命令，
设置弹出的对话框，如图 4.52 所示，单击"确定"按钮退出对话框。隐藏路径后的效果如
图 4.53 所示。同时得到"渐变填充 1"。

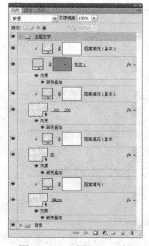

图 4.50　"图层"面板

图 4.51　绘制路径

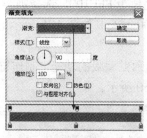

图 4.52　"渐变填充"对话框

图 4.53　应用"渐变填充"后的效果

提示

　　在"渐变填充"对话框中，渐变类型各色标值从左至右分别为 CD005C、
E4006E 和 CD005C。下面利用形状工具增强图像的立体感。

　　（13）设置前景色的颜色值为 CD005C，按照第（9）步的操作方法，应用钢笔工具 ，
在右上方的红色图像上绘制如图 4.54 所示的形状，得到"形状 2"。

（14）按照第（11）～（13）步的操作方法，结合路径、渐变填充及形状工具，制作其他文字的立体感，如图 4.55 所示。如图 4.56 所示为单独显示第（11）步至本步的图像状态，"图层"面板如图 4.57 所示。

图 4.54　绘制形状

图 4.55　制作其他文字的立体感

图 4.56　单独显示图像状态

图 4.57　"图层"面板

提示

　　本步中关于图像的颜色值及"渐变填充"对话框中的参数设置请参考最终效果源文件。在下面的操作中会多次应用到渐变填充图层的功能，笔者将不再做相关参数的提示。下面制作文字的倒影效果。

（15）收拢组"立体影"，并选中组"立体影"和"主题文字"，按 Ctrl+Alt+E 组合键执行"盖印"操作，从而将选中图层中的图像合并至一个新图层中，并将其重命名为"倒影"。将此图层拖至组"立体影"的下方。利用自由变换控制框进行垂直翻转，并向下移动位置，得到的效果如图 4.58 所示。

（16）设置图层"倒影"的不透明度为 10%，以降低图像的透明度，得到的效果如图 4.59所示。

图 4.58　盖印及调整图像

图 4.59　设置不透明度后的效果

（17）单击添加图层蒙版按钮 为图层"倒影"添加蒙版，设置前景色为黑色，选择渐变工具，在其工具选项条中选择线性渐变工具，在画布中单击鼠标右键，在弹出的渐变显示框中选择渐变类型为"前景色到透明渐变"，在蒙版中从倒影图像的上方至下方绘制渐变，得到的效果如图 4.60 所示。

> **提示**
> 至此，文字的倒影效果已制作完成。下面制作文字背后的发射光效果。

（18）选择组"背景"作为当前的操作对象，根据前面所讲解的操作方法，结合形状工具、路径及渐变填充图层等功能，制作文字背后的发射光效果，如图 4.61 所示。同时得到"形状 5"和"渐变填充 6"。

图 4.60　添加图层蒙版后的效果

图 4.61　制作发射光效果

> **提示**
> 本步中"形状 5"图层中的图像的颜色值为 FBED00。另外，设置了"渐变填充 6"的不透明度为 50%。下面制作装饰图像。

（19）选择组"主题文字"，利用随书所附光盘中的文件"第 4 章\4.3-素材 3.psd"，结合移动工具 及变换功能，制作文字上方的星光效果，如图 4.62 所示。同时得到"图层 1"。

（20）新建"图层 2"，设置前景色为白色，打开随书所附光盘中的文件"第 4 章\4.3-素材 4.abr"。选择画笔工具 ，在画布中单击鼠标右键，在弹出的画笔显示框中选择刚刚打开的画笔，在文字上方进行涂抹，得到的效果如图 4.63 所示。

图 4.62 制作星光图像

图 4.63 涂抹后的效果

（21）在画笔工具 ✐选项条中更改画笔大小为"10 像素"，继续在人物的右侧进行涂抹，得到的效果如图 4.64 所示。

（22）按照第（20）步的操作方法，结合画笔素材及画笔工具 ✐，制作右侧星光图像上的白光效果，以及人物头部的星光效果，如图 4.65 所示。同时得到"图层 3"和"图层 4"。

图 4.64 继续涂抹

图 4.65 制作白光及星光效果

提示

　　本步使用到的画笔为随书所附光盘中的文件"第 4 章\4.3-素材 5.abr"和"第 4 章\4.3-素材 6.abr"。下面结合形状工具、路径、渐变填充及图层蒙版等功能，制作装饰线条图像。

（23）选择组"主题文字"，设置前景色为 8FC41E，应用钢笔工具 ✍在画布的上方绘制如图 4.66 所示的形状，得到"形状 6"。设置此图层的混合模式为"变亮"，以便混合图像，得到的效果如图 4.67 所示。

图 4.66 绘制形状

图 4.67 设置混合模式后的效果

（24）单击添加图层蒙版按钮 为图层"形状 6"添加蒙版，设置前景色为黑色，选择画笔工具 ，并在其工具选项条中设置适当的画笔大小及不透明度，在蒙版中进行涂抹，以便将人物头部上的图像隐藏起来，得到的效果如图 4.68 所示。

（25）根据前面所讲解的操作方法，结合路径、渐变填充及图层蒙版等功能，制作文字下方的白色光效果，如图 4.69 所示。"图层"面板如图 4.70 所示。

图 4.68　添加图层蒙版后的效果

图 4.69　制作白光效果

提示

本步中设置了"渐变填充 7"的不透明度为 80%；设置了"渐变填充 8"的混合模式为"变亮"，不透明度为 80%。下面制作活动介绍，并完成制作。

（26）收拢组"装饰"，打开随书所附光盘中的文件"第 4 章\4.3-素材 7.psd"，按 Shift 键使用移动工具 将其拖至第（25）步制作的文件中，得到的最终效果如图 4.71 所示。"图层"面板如图 4.72 所示。

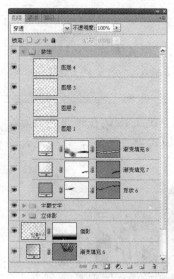

图 4.70　"图层"面板

图 4.71　最终效果

图 4.72　最终"图层"面板

4.4 手机活动海报设计

例前导读：

本例是以手机活动为主题的海报设计作品。在制作的过程中，以处理画面中的立体文字为核心内容。可以看出，立体文字的位置及效果都比较醒目，另外文字周围的礼品盒、立体星星及花纹图像在画面中也起着很好的装饰效果。

核心技能：

- 应用渐变工具绘制渐变。
- 利用形状工具绘制形状。
- 利用再次变换并复制的功能制作规则的图像。
- 通过添加图层蒙版隐藏不需要的图像。
- 通过设置图层的属性融合图像。
- 结合路径及渐变填充图层的功能制作图像的渐变效果。
- 利用图层样式的功能制作图像的投影、渐变等效果。

效果文件
光盘\第 4 章\4.4.psd。

操作步骤：

（1）按 Ctrl+N 组合键新建一个文件，在弹出的对话框中设置文件的大小为 36 厘米×27 厘米，分辨率为 72 像素/英寸，背景色为白色，颜色模式为 8 位的 RGB 模式，单击"确定"按钮退出对话框。设置前景色为 E1881D，按 Alt+Del 组合键以前景色填充"背景"图层。

提示
下面结合渐变工具、形状工具、再次变换并复制、图层蒙版，以及图层属性等功能，制作背景图像。

（2）设置前景色为 FF1B00，背景色为 FFFB00，选择渐变工具，在其工具选项条中选择径向渐变工具 ，并将"反向"选项勾选。在画布中单击鼠标右键，在弹出的渐变显示框中选择渐变类型为"前景色到背景色渐变"。从画布的左上方至左上角绘制渐变，得到的效果如图 4.73 所示。

（3）设置前景色为 FFCC00，选择钢笔工具 ，在工具选项条上选择形状图层按钮 ，在画布的下方绘制如图 4.74 所示的形状，得到"形状 1"。

图 4.73　绘制渐变

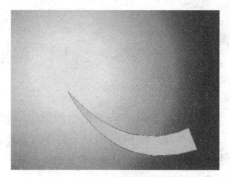

图 4.74　绘制形状

（4）按 Ctrl+Alt+T 组合键调出自由变换并复制控制框，将控制框内的中心参考点移至左上角的控制句柄上，在工具选项条中设置旋转的角度为-19 度。按 Enter 键确认操作。多次按 Alt+Ctrl+Shift+T 组合键执行再次变换并复制操作，得到如图 4.75 所示的效果。

（5）单击添加图层蒙版按钮 为"形状 1"添加蒙版，设置前景色为黑色，选择画笔工具 ，在其工具选项条中设置适当的画笔大小及不透明度，在图层蒙版中进行涂抹，以便将边缘的图像隐藏起来，直至得到如图 4.76 所示的效果。

（6）设置"形状 1"的混合模式为"滤色"，以混合图像，得到的效果如图 4.77 所示。选择"形状 1"图层缩览图，设置前景色为黑色，按照第（3）步的操作方法应用钢笔工具 在画布底部绘制如图 4.78 所示的楼体轮廓，同时得到"形状 2"。

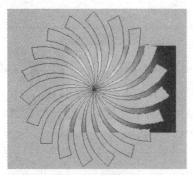

图 4.75　再次变换并复制后的效果

图 4.76　添加图层蒙版后的效果

图 4.77　设置混合模式后的效果

图 4.78　绘制形状

（7）设置"形状 2"的混合模式为"柔光"，以混合图像，得到的效果如图 4.79 所示。"图层"面板如图 4.80 所示。

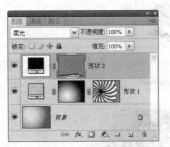

图 4.79　设置混合模式后的效果　　　　　图 4.80　"图层"面板

提示

至此，背景图像已制作完成。下面制作手机图像。

（8）打开随书所附光盘中的文件"第 4 章\4.4-素材 1.psd"，按 Shift 键使用移动工具将其拖至第（7）步制作的文件中，得到的效果如图 4.81 所示。此时的"图层"面板如图 4.82 所示。

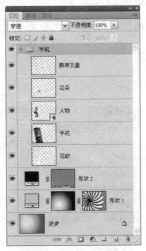

图 4.81　拖入图像　　　　　　　　图 4.82　"图层"面板

提示

本步打开的素材文件中有 5 幅素材图像。下面将人物及花朵图像融入到手机屏幕中。

（9）选中图层"人物"和图层"花朵"，按 Ctrl+G 组合键执行"图层编组"操作，得到"组 1"，并将其重命名为"手机图案"。

（10）选择多边形套索工具 ，在手机图像上绘制如图 4.83 所示的选区，按 Alt 键单击添加图层蒙版按钮 ，为组"手机图案"添加蒙版，得到的效果如图 4.84 所示。

> **提示**
> 下面结合路径及渐变填充图层的功能，更换手机的屏幕。

（11）切换至"路径"面板，新建"路径 1"，选择钢笔工具 ，在工具选项条上选择路径按钮 ，沿着手机的屏幕绘制如图 4.85 所示的路径。切换回"图层"面板。

图 4.83　绘制选区　　　图 4.84　添加图层蒙版后的效果　　　图 4.85　绘制路径

（12）选择图层"手机"作为当前的工作层，单击创建新的填充或调整图层按钮 ，在弹出的菜单中选择"渐变"命令，设置弹出的对话框，如图 4.86 所示，单击"确定"按钮退出对话框，隐藏路径后的效果如图 4.87 所示。此时"图层"面板如图 4.88 所示。

图 4.86　"渐变填充"对话框　　　图 4.87　应用"渐变填充"后的效果

> **提示**
> 在"渐变填充"对话框中，渐变类型为"从 170E90 到 85DEF8"。下面制作会话图形。

（13）按照第（11）步的操作方法，新建"路径 2"，应用钢笔工具 在手机图像的右上方绘制如图 4.89 所示的路径。收拢组"手机"，单击创建新的填充或调整图层按钮 ，在弹出的菜单中选择"纯色"命令，然后在弹出的"拾取实色"对话框中设置其颜色值为 FFE600，得到如图 4.90 所示的效果。同时得到"颜色填充 1"。

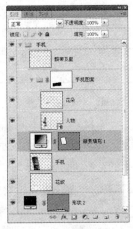

图 4.88 "图层"面板

图 4.89 绘制路径

（14）显示"路径 2"，结合直接选择工具 ，及添加锚点的功能，调整路径的状态，如图 4.91 所示。选择组"手机"，按照第（12）步的操作方法创建"渐变填充"图层，设置对话框如图 4.92 所示，得到的效果如图 4.93 所示。

图 4.90 填充颜色后的效果

图 4.91 调整路径状态

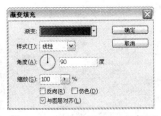

图 4.92 "渐变填充"对话框

图 4.93 应用"渐变填充"后的效果

提示

　　在"渐变填充"对话框中，渐变类型为"从 FF0000 到 8F0303"。

（15）选择"颜色填充 1"作为当前的工作层，结合形状工具及图层属性的功能，制作会话图形中的高光效果，如图 4.94 所示。同时得到"形状 3"。

提示
　　　　本步中设置了"形状 3"图层中图像的颜色值为 F8CB00；另外，设置了"形状 3"的混合模式为"滤色"，不透明度为 80%。下面制作会话图形中的文字效果。

（16）打开随书所附光盘中的文件"第 4 章\4.4-素材 2.csh"，选择"形状 3"矢量蒙版缩览图使路径处于未选中的状态，设置前景色为白色，选择自定形状工具 ，在其工具选项条中选择形状图层按钮 ，在画布中单击鼠标右键，在弹出的形状显示框中选择刚刚打开的形状，然后在会话图形上面绘制如图 4.95 所示的文字形状，得到"形状 4"。

图 4.94　制作高光效果

图 4.95　绘制形状

（17）按 Ctrl 键单击"形状 4"矢量蒙版缩览图以载入其选区，选择"选择"|"修改"|"扩展"命令，在弹出的对话框中设置"扩展量"数值为 3，单击"确定"按钮退出对话框。

（18）保持选区，选择"形状 3"作为当前的工作层，新建"图层 1"，设置前景色为 FF6600，按 Alt+Del 组合键以前景色填充选区，按 Ctrl+D 组合键取消选区，并使用移动工具 向下移动图像的位置，得到的效果如图 4.96 所示。

（19）单击添加图层样式按钮 ，在弹出的菜单中选择"投影"命令，设置弹出的对话框如图 4.97 所示。然后继续在"图层样式"对话框中选择"渐变叠加"选项，设置其对话框如图 4.98 所示。最终，得到如图 4.99 所示的效果。

图 4.96　填充及移动图像

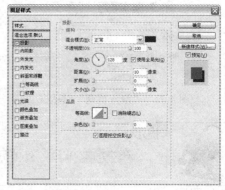

图 4.97　"投影"命令对话框

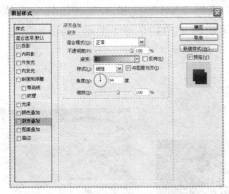

图 4.98 "渐变叠加"命令对话框

图 4.99 添加图层样式后的效果

提示

在"投影"对话框中，颜色块的颜色值为 B40303；在"渐变叠加"对话框中，渐变类型为"从 B40303 到透明"。下面制作文字的阴影，以增强立体感。

（20）按 Alt 键将"形状 4"拖至其下方得到"形状 4 副本"。打开随书所附光盘中的文件"第 4 章\4.4-素材 3.asl"。选择"窗口"|"样式"命令，以显式"样式"面板，在样式显示框中选择刚刚打开的样式（一般为显示框的最后一个）为"形状 4 副本"应用样式，得到的效果如图 4.100 所示。

（21）选中"渐变填充 2"～"形状 4"，按 Ctrl+G 组合键执行"图层编组"的操作，并将得到的组重命名为"主题文字"。

（22）单击添加图层蒙版按钮 ▣ 为组"主题文字"添加蒙版，设置前景色为黑色，选择画笔工具 ✐，在其工具选项条中设置适当的画笔大小及不透明度，在图层蒙版中进行涂抹，以便将左下角的图像隐藏起来，直至得到如图 4.101 所示的效果为止。"图层"面板如图 4.102 所示。

图 4.100 应用图层样式后的效果

图 4.101 添加图层蒙版后的效果

提示

至此，主题文字图像已制作完成。下面制作装饰及文字图像，并完成制作。

（23）打开随书所附光盘中的文件"第 4 章\4.4-素材 4.psd"，按 Shift 键使用移动工具 将其拖至第（22）步制作的文件中，得到的最终效果如图 4.103 所示。"图层"面板如图 4.104 所示。

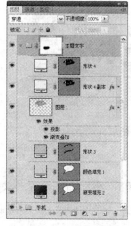

图 4.102　"图层"面板　　　　图 4.103　最终效果　　　　图 4.104　最终"图层"面板

提示

1．本步笔者是以组的形式给的素材，由于其操作非常简单，但在叙述上略显烦琐，读者可以参考最终效果源文件进行参数设置，展开组即可观看到操作的过程。另外，组"矢量人物"中用到的"点画笔"为"第 4 章\4.4-素材 5.abr"。

2．对于"点画笔"的应用，读者可在打开"素材 5.abr"后，选择画笔工具，然后在画布中单击鼠标右键，在弹出的画笔显示框中即可找到打开的画笔，然后应用此画笔绘制图像即可。

4.5　完美厨艺大赛海报设计

例前导读：

本例是以完美厨艺大赛为主题的海报设计作品。在制作的过程中，以处理人物背后的光环及缠绕人物的光圈为核心内容。文字处理没有采用很艺术化的字体，主要是为了保证文字简洁大方、易于辨认。下面来讲述具体操作过程。

核心技能：

● 结合路径及渐变填充图层的功能制作图像的渐变效果。

● 利用图层蒙版功能隐藏不需要的图像。

● 通过设置图层属性以混合图像。

● 通过添加图层样式，制作图像的发光等效果。

● 使用形状工具绘制形状。

● 结合画笔工具 及特殊画笔素材绘制图像。
● 应用"高斯模糊"命令制作图像的模糊效果。

	效果文件
	光盘\第 4 章\4.5.psd。

操作步骤:

（1）按 Ctrl+N 组合键新建一个文件，设置弹出的对话框，如图 4.105 所示，单击"确定"按钮退出对话框，以创建一个新的空白文件。设置前景色为 C95D00，按 Alt+Del 组合键以前景色填充"背景"图层。

	提示
	下面结合路径、渐变填充及模糊等功能，制作背景中的光环图像。

（2）选择椭圆工具 ，在工具选项条上选择路径按钮，按 Shift 键在画布中绘制如图 4.106 所示的路径。按 Ctrl+Alt+T 组合键调出自由变换并复制控制框，按 Alt+Shift 组合键向内拖动右上角的控制句柄以等比例缩小路径。按 Enter 键确认操作。然后在工具选项条中选择从路径区域减去按钮。此时路径状态如图 4.107 所示。

图 4.105　"新建"对话框

图 4.106　绘制路径

（3）在确认选中内部路径的状态下，重复第（2）步的操作，利用自由变换并复制控制框等比例缩小路径，并在椭圆工具选项条中选择运算模式为添加到路径区域按钮，此时的路径状态如图 4.108 所示。

图 4.107　运算后的状态 1

图 4.108　运算后的状态 2

（4）单击创建新的填充或调整图层按钮 ，在弹出的菜单中选择"渐变"命令，设置弹出的对话框如图 4.109 所示，单击"确定"按钮退出对话框，隐藏路径后的效果如图 4.110 所示，同时得到图层"渐变填充 1"。在此图层的名称上单击鼠标右键，在弹出的菜单中选择"转换为智能对象"命令，从而将其转换成为智能对象图层。

图 4.109　"渐变填充"对话框　　　图 4.110　应用"渐变填充"后的效果

> **提示**
>
> 　　在"渐变填充"对话框中，渐变类型为"从 FFF000 到 F2C500"。

（5）选择"滤镜"|"模糊"|"高斯模糊"命令，在弹出的对话框中设置"半径"数值为 10，单击"确定"按钮退出对话框，设置"渐变填充 1"的不透明度为 60%，得到如图 4.111 所示的效果。

（6）按 Alt 键将"渐变填充 1"拖至其下方得到"渐变填充 1 副本"，将不透明度更改为 100%，双击"高斯模糊"滤镜效果名称，在弹出的对话框中更改"半径"数值为 96.5，得到的效果如图 4.112 所示。

（7）按照第（2）～（5）步的操作方法，结合路径、渐变填充、模糊及图层属性等功能，制作画布上方的半圆形光环图像，如图 4.113 所示。同时得到"渐变填充 2"。

图 4.111　模糊后的效果　　　图 4.112　复制及模糊后的效果　　　图 4.113　制作半圆形光环图像

> **提示**
>
> 　　在"渐变填充"对话框中，渐变类型为"从 FFF000 到透明"，所设置的"高斯模糊"对话框中的"半径"数值为 10；另外，还设置了"渐变填充 2"的不透明度为 80%。下面制作发光效果。

（8）单击添加图层样式按钮 ，在弹出的菜单中选择"外发光"命令，设置弹出的对话框，如图 4.114 所示，得到的效果如图 4.115 所示。

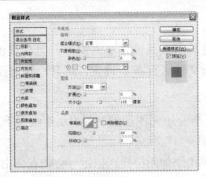

图 4.114 "外发光"对话框

图 4.115 添加图层样式后的效果

提示
在"外发光"对话框中，颜色块的颜色值为 FFF000。

（9）选中"渐变填充 1 副本"～"渐变填充 2"，按 Ctrl+Alt+E 组合键执行"盖印"操作，从而将选中图层中的图像合并至一个新图层中，并将其重命名为"图层 1"。设置此图层的混合模式为"柔光"，以混合图像，得到的效果如图 4.116 所示。"图层"面板如图 4.117 所示。

提示
本步中为了方便图层的管理，在此将制作背景的图层选中，按 Ctrl+G 组合键执行"图层编组"操作得到"组 1"，并将其重命名为"背景"。在下面的操作中，笔者也对各部分进行了编组的操作，在步骤中不再叙述。下面制作人物图像。

（10）收拢组"背景"，打开随书所附光盘中的文件"第 4 章\4.5-素材 1.psd"，按 Shift 键使用移动工具 将其拖至第（9）步制作的文件中，得到的效果如图 4.118 所示。同时得到组"人物"。

图 4.116 盖印及设置混合模式
后的效果

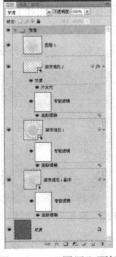

图 4.117 "图层"面板

图 4.118 拖入图像

提示

　　本步笔者是以组的形式给的素材，由于其操作非常简单，但在叙述上略显烦琐，读者可以参考最终效果源文件进行参数设置，展开组即可观看到操作的过程。下面制作旋转效果。

　　（11）根据前面所讲解的操作方法，结合路径及渐变填充图层的功能，制作画布下方的白色渐变效果，如图4.119所示。同时得到"渐变填充3"。

　　（12）设置"渐变填充3"的不透明度为65%，单击添加图层样式按钮 fx ，在弹出的菜单中选择"内发光"命令，设置弹出的对话框如图4.120所示，得到的效果如图4.121所示。

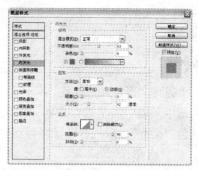

图4.119　制作白色渐变效果　　　　　　图4.120　"内发光"命令对话框

提示

　　在"内发光"对话框中，颜色块的颜色值为 CA5F00。

　　（13）单击添加图层蒙版按钮 为"渐变填充3"添加蒙版，设置前景色为黑色，选择画笔工具 ，在其工具选项条中设置适当的画笔大小及不透明度，在图层蒙版中进行涂抹，以便将上方的图像隐藏起来，直至得到如图4.122所示的效果为止。

　　（14）复制"渐变填充3"得到"渐变填充3副本"，使用移动工具 向上移动图像的位置，并更改当前图层的不透明度为55%，得到的效果如图4.123所示。

图4.121　添加图层样式后的效果　　图4.122　添加图层蒙版后的效果　　图4.123　复制及调整图像

　　（15）选择"渐变填充3"作为当前的工作层，设置前景色的颜色值为白色。选择钢笔工具 ，在工具选项条上选择形状图层按钮 ，在画布的底部绘制如图4.124所示的形状，得到"形状1"。设置此图层的不透明度为30%，以降低图像的透明度。

（16）结合形状工具、路径、渐变填充、复制图层，以及设置图层属性等功能，增强图像的立体感，如图 4.125 所示。"图层"面板如图 4.126 所示。

图 4.124 绘制形状

图 4.125 制作立体效果

图 4.126 "图层"面板

提示

　　本步中关于图层不透明度及"渐变填充"对话框中的参数设置请参考最终效果源文件。下面制作缠绕人物的光圈图像。

（17）选择"渐变填充 3 副本"作为当前的工作层，结合椭圆工具 及变换功能，制作人物腰部的椭圆形状，如图 4.127 所示。同时得到"形状 3"。

提示

　　本步在执行变换操作时，无须按 Ctrl+Alt+T 组合键，直接按 Ctrl+T 组合键执行变换操作即可。

（18）设置"形状 3"的填充为 0%，单击添加图层样式按钮 *fx* ，在弹出的菜单中选择"外发光"命令，设置弹出的对话框，如图 4.128 所示。然后在"图层样式"对话框中继续选择"混合选项"选项，设置其对话框，如图 4.129 所示，得到的效果如图 4.130 所示。

图 4.127 绘制形状

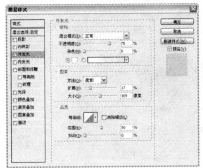

图 4.128 "外发光"对话框

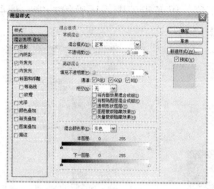

图 4.129　"混合选项"对话框

图 4.130　添加图层样式后的效果

提示

在"混合选项"对话框中，勾选"图层蒙版隐藏效果"选项是为了在后面操作时可以将图层样式产生的效果使用蒙版隐藏。

（19）单击添加图层蒙版按钮 为"形状 3"添加蒙版，设置前景色为黑色，选择画笔工具 ，在其工具选项条中设置适当的画笔大小及不透明度，在图层蒙版中进行涂抹，以便将上方的图像隐藏起来，直至得到如图 4.131 所示的效果为止。设置当前图层的不透明度为 85%，以降低图像的透明度。

（20）结合复制图层及变换功能，制作人物上身的两个光圈图像，如图 4.132 所示。同时得到"形状 3 副本"和"形状 3 副本 2"。"图层"面板如图 4.133 所示。

图 4.131　添加图层蒙版后的效果

图 4.132　制作光圈图像

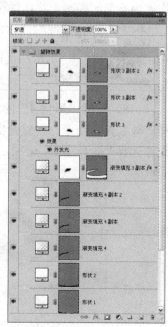

图 4.133　"图层"面板

提示
    至此，旋转式的光圈效果已制作完成。下面制作电饭煲图像。

（21）收拢组"旋转效果"，打开随书所附光盘中的文件"第 4 章\4.5-素材 2.psd"，按 Shift 键使用移动工具 将其拖至第（20）步制作的文件中，得到的效果如图 4.134 所示。同时得到组"电饭煲"。

提示
    下面结合画笔工具 及画笔素材制作白色散点图像，再利用素材图像制作文字图像，并完成制作。

（22）新建"图层 2"，设置前景色为白色，打开随书所附光盘中的文件"第 4 章\4.5-素材 3.abr"，选择画笔工具 ，在画布中单击鼠标右键，在弹出的画笔显示框中选择刚刚打开的画笔，在碗的上方进行涂抹，得到的效果如图 4.135 所示。

图 4.134 拖入图像

图 4.135 涂抹后的效果

（23）打开随书所附光盘中的文件"第 4 章\4.5-素材 4.psd"，按 Shift 键使用移动工具 将其拖至第（22）步制作的文件中，得到的最终效果如图 4.136 所示。"图层"面板如图 4.137 所示。

图 4.136 最终效果

图 4.137 "图层"面板

4.6　圣诞促销海报设计

例前导读：

本例是以圣诞促销为主题的海报设计作品。在制作的过程中，主要以制作缠绕人物图像的飘带为核心内容。飘带图像上散落的五星同时也起着很好的装饰作用。另外，作品整体以黄白为主色调营造出了一种积极的氛围，促使消费者想去主动了解和接受。

核心技能：

● 结合路径及渐变填充图层的功能制作图像的渐变效果。

● 应用"内发光"命令，制作图像的发光效果。

● 使用形状工具绘制形状。

● 结合画笔工具 及特殊画笔素材绘制图像。

● 利用图层蒙版功能隐藏不需要的图像。

● 应用"高斯模糊"命令制作图像的模糊效果。

	效果文件 光盘\第 4 章\4.6.psd。

操作步骤：

（1）打开随书所附光盘中的文件"第 4 章\4.6-素材 1.psd"，如图 4.138 所示。此时"图层"面板如图 4.139 所示。

图 4.138　素材图像

图 4.139　"图层"面板

	提示 　　本步笔者是以组的形式给的素材，由于其操作非常简单，但在叙述上略显烦琐，读者可以参考最终效果源文件进行参数设置，展开组即可观看到操作的过程。下面制作物体间的飘带图像。

（2）选择组"物品 1"作为操作对象，选择钢笔工具 ，在工具选项条上选择路径按钮，在画布上方绘制如图 4.140 所示的路径。

（3）单击创建新的填充或调整图层按钮 ，在弹出的菜单中选择"渐变"命令，设置弹出的对话框，如图 4.141 所示。单击"确定"按钮退出对话框，隐藏路径后的效果如图 4.142 所示，同时得到图层"渐变填充 1"。

图 4.140　绘制路径　　　　　　　　　　图 4.141　"渐变填充"对话框

 提示
在"渐变填充"对话框中，渐变类型为"从 F1A11C 到 ACBF3B"。

（4）单击添加图层样式按钮 *fx*，在弹出的菜单中选择"内发光"命令，设置弹出的对话框，如图 4.143 所示，得到的效果如图 4.144 所示。

 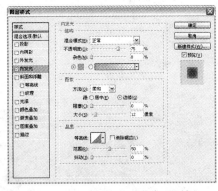

图 4.142　应用"渐变填充"后的效果　　　　图 4.143　"内发光"命令对话框

 提示
在"内发光"对话框中，颜色块的颜色值为 F49B17。

（5）选择组"物品 1"作为操作对象，按照第（2）～（4）步的操作方法，结合路径、渐变填充及"内发光"图层样式，添加左端的飘带图像，如图 4.145 所示。同时得到"渐变填充 2"。

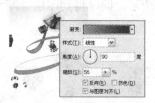

图 4.144　添加图层样式后的效果 　　　　　　　图 4.145　添加飘带图像

提示

在"渐变填充"对话框中，渐变类型为"从 D61719 到 ACBF3B"。下面继续制作飘带图像。

（6）选择"渐变填充 1"作为当前的工作层（并确认路径处于未选中的状态），选择钢笔工具 ，在工具选项条上选择形状图层按钮 ，并确认样式为"默认样式（无）"，设置前景色为 E66325，在飘带图像的下方绘制如图 4.146 所示的形状，得到"形状 1"。

（7）根据前面所讲解的操作方法，结合路径、渐变填充及形状工具，完善整体飘带图像的制作，如图 4.147 所示。"图层"面板如图 4.148 所示。

图 4.146　绘制形状 　　　　　　图 4.147　完善飘带图像 　　　　　　图 4.148　"图层"面板

提示

本步中关于图像的颜色值及"渐变填充"对话框中的参数设置请参考最终效果源文件。另外，为了方便图层的管理，在此将制作飘带的图层选中，按 Ctrl+G 组合键执行"图层编组"操作得到"组 1"，并将其重命名为"飘带"。在下面的操作中，笔者也对各部分进行了编组的操作，在步骤中不再叙述。下面制作物品上的星光效果。

（8）收拢组"飘带"，新建"图层 1"，设置前景色为 F7F089。打开随书所附光盘中的文件"第 4 章\4.6-素材 2.abr"，选择画笔工具 ✐，在画布中单击鼠标右键，在弹出的画笔显示框中选择刚刚打开的画笔，在飘带图像上进行涂抹，得到的效果如图 4.149 所示。

（9）按照第（8）步的操作方法，结合随书所附光盘中的文件"第 4 章\4.6-素材 3.abr"及画笔工具 ✐，继续制作飘带图像上的五星图像，如图 4.150 所示。"图层"面板如图 4.151 所示。

图 4.149　涂抹后的效果　　　　图 4.150　继续涂抹　　　　图 4.151　"图层"面板

提示
　　本步中关于图像的颜色值及画笔大小的设置在图层名称中都有相应的文字信息。至此，五星图像已制作完成。下面制作人物图像。

（10）选择"背景"图层作为当前的工作层，打开随书所附光盘中的文件"第 4 章\4.6-素材 4.psd"，按 Shift 键使用移动工具 ▸⊕ 将其拖至第（9）步制作的文件中，得到的效果如图 4.152 所示。同时得到组"人物"。

提示
　　下面利用图层蒙版等功能，制作飘带缠绕人物的效果。

（11）展开组"人物"，按 Ctrl+Shift 组合键分别单击人物图层缩览图以载入人物图像的选区，如图 4.153 所示。按 Alt 键单击添加图层蒙版按钮 ▣ 为组"飘带"添加蒙版，得到的效果如图 4.154 所示。

图 4.152　拖入素材　　　　图 4.153　选区状态　　　　图 4.154　添加图层蒙版后的效果

（12）收拢组"人物"。在组"飘带"图层蒙版缩览图被激活的状态下，设置前景色为白色。选择画笔工具 ✐，在其工具选项条中设置适当的画笔大小及不透明度，在图层蒙版中进行涂抹，以便将人物身上的飘带图像显示出来，直至得到如图 4.155 所示的效果为止，此时蒙版中的状态如图 4.156 所示。

图 4.155　编辑图层蒙版后的效果　　　　　　　图 4.156　蒙版中的状态

提示
下面结合形状工具及"高斯模糊"命令制作人物的投影效果。

（13）选择"背景"图层作为当前的工作层，选择椭圆工具 ⬭，在工具选项条上选择形状图层按钮 ▢，在最前方的人物底部绘制如图 4.157 所示的形状，得到"形状 4"。

提示
在绘制第 1 个图形后，将会得到一个对应的形状图层，为了保证后面所绘制的图形都是在该形状图层中进行的，所以在绘制其他图形时，需要在工具选项条上选择适当的运算模式，如添加到形状区域或从形状区域减去等。

（14）选择"滤镜"|"模糊"|"高斯模糊"命令，在弹出的提示框中直接单击"确定"按钮退出提示框，然后在弹出的对话框中设置"半径"数值为 7.4，单击"确定"按钮退出对话框。设置"形状 4"的不透明度为 20%，以降低图像的透明度，得到如图 4.158 所示的效果。

图 4.157　绘制形状　　　　　　　图 4.158　制作投影效果

提示

至此，投影效果已制作完成。下面制作背景中的花纹图像。

（15）选择"背景"图层作为当前的工作层，打开随书所附光盘中的文件"第 4 章\4.6-素材 5.psd"，使用移动工具 ➤ 将其拖至刚制作的文件中，得到图层"花纹"。按 Ctrl+T 组合键调出自由变换控制框，按 Shift 键向内拖动控制句柄以缩小图像及移动位置，按 Enter 键确认操作。得到的效果如图 4.159 所示。

（16）单击添加图层蒙版按钮 为图层"花纹"添加蒙版，设置前景色为黑色，选择画笔工具 ，在其工具选项条中设置适当的画笔大小及不透明度，在图层蒙版中进行涂抹，以便将底部的图像隐藏起来，直至得到如图 4.160 所示的效果为止。

图 4.159 调整图像

图 4.160 添加图层蒙版后的效果

（17）根据前面所讲解的操作方法，结合画笔工具 和"4.6-素材 2.abr"画笔，制作最前面人物下方的白光，以及左右两侧的五星图像，如图 4.161 所示。"图层"面板如图 4.162 所示。

图 4.161 制作白光及五星图像

图 4.162 "图层"面板

提示

　　至此，背景中的元素已制作完成。下面制作画面中的文字图像，并完成制作。

　　（18）收拢组"背景花纹"，选择组"物品 2"作为操作对象，打开随书所附光盘中的文件"第 4 章\4.6-素材 6.psd"，按 Shift 键使用移动工具 将其拖至第（17）步制作的文件中，得到的最终效果如图 4.163 所示。"图层"面板如图 4.164 所示。

图 4.163　最终效果

图 4.164　"图层"面板

4.7　打折促销海报

例前导读：

　　本例设计了一款宣传打折促销信息的海报，其画面的主体是文字"打折促销"的汉语拼音的大写首字母，结合 Photoshop 的 3D 功能制作得到带有三维效果的特效文字，然后再配合大量模特、礼品和气球等典型元素的运用及编排，使整体效果具有强烈的时尚气息，同时也突出了海报的宣传目的。

核心技能：

● 应用 3D 功能制作立体效果。

● 应用渐变填充图层的功能制作图像的渐变效果。

● 应用"亮度/对比度"调整图层调整图像的亮度、对比度属性。

效果文件

　　光盘\第 4 章\4.7.psd。

操作步骤：

　　（1）打开随书所附光盘中的文件"第 4 章\4.7-素材 1.psd"，如图 4.165 所示。

　　（2）选择"3D"｜"从 3D 文件新建图层"命令，在弹出的对话框中打开"D.3ds"文件，得到如图 4.166 所示的 3D 模型，同时得到名为"D"的图层。

（3）结合 3D 旋转工具 🔄、3D 平移工具 ✛s 和 3D 比例工具 🔷 调整模型的角度、位置及大小，如图 4.167 所示。

图 4.165　素材图像

图 4.166　创建 3D 模型

图 4.167　调整 3D 模型的属性

（4）设置模型贴图。双击图层"D"下面的"N01＿＿＿Default-默认纹理 1"贴图名称，在弹出的文件中，单击创建新的填充或调整图层按钮 ⬤，在弹出的菜单中选择"渐变"命令，设置弹出的对话框如图 4.168 所示，得到如图 4.169 所示的效果，同时得到图层"渐变填充 1"。

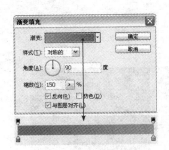

图 4.168　"渐变填充"对话框

图 4.169　填充得到的渐变

提示

在"渐变填充"对话框中，所使用的渐变从左至右各个色标的颜色值依次为 33824B 和 8FBF2B。

（5）关闭并保存当前的贴图文件，此时贴图的效果已经体现在模型上，如图 4.170 所示。

图 4.170　设置贴图后的效果

（6）调整模型的光照。双击图层"D"的缩览图以调出 3D 面板，选择"Infinite Light 2"并设置其参数，以提亮模型，如图 4.171 所示。

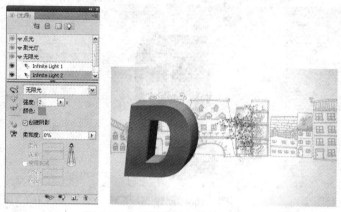

图 4.171　设置字母 D 的光照属性

（7）按照第（2）～（6）步的方法，新建一个模型字母 Z，同时得到对应的 3D 图层，其光照参数设置与字母 D 相同，其贴图设置如图 4.172 所示，得到如图 4.173 所示的效果。

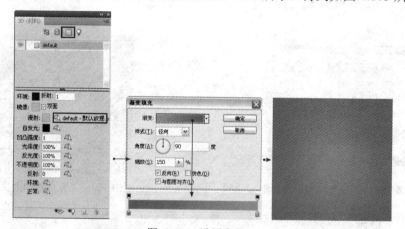

图 4.172　设置字母 Z

图 4.173　字母 Z 的效果

（8）按照第（7）步的方法，新建一个模型字母 C，同时得到对应的 3D 图层，其贴图参数设置与字母 D 相同，其光照设置如图 4.174 所示。

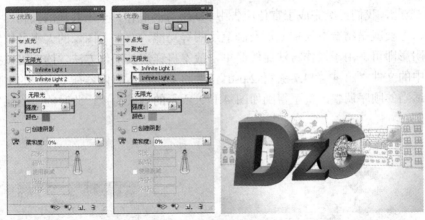

图 4.174　设置字母 C

（9）按照字母 D 的制作方法，制作得到字母 X，得到如图 4.175 所示的效果。

图 4.175　制作字母 X

（10）调整图像整体的亮度。单击创建新的填充或调整图层按钮 ，在弹出的菜单中选择"亮度/对比度"命令，得到图层"亮度/对比度 1"。在"调整"面板中设置其参数，如图 4.176 所示，以调整图像的亮度及对比度，得到如图 4.177 所示的效果。

（11）选择图层"亮度/对比度 1"并按住 Shift 键单击图层"X"，然后按 Ctrl+G 组合键将选中的图层编组，并将得到的组重命名为"DZCX"，如图 4.179 所示。

图 4.176　"调整"面板

图 4.177　调整后的效果

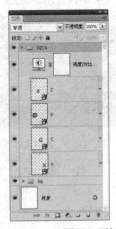

图 4.178　"图层"面板

　　（12）至此，我们已经完成了宣传广告中 3D 字母的制作，至于其他的人物、礼品及文字等元素，主要就是结合变换控制框及画笔绘图等功能，调整各图像的大小及位置，并为它们绘制阴影即可。由于操作方法比较简单，故不再详述其操作方法。读者可以打开随书所附光盘中的文件"第 4 章\4.7-素材 2.psd"，并将其中的所有内容拖至本例的文件中，对图层进行适当的顺序调整，直至得到如图 4.179 所示的效果为止，此时的"图层"面板如图 4.180 所示。

图 4.179　最终效果

图 4.180　"图层"面板

4.8　练　习　题

　　1．分别指出云南 3 日游广告、江南水乡楼盘广告、相机广告、以牛奶作为主要表现对象的广告，以及以年轻、时尚、有活力为定位的汽车广告，在画面中比较适合使用哪类图像，并尝试在网络上找到具有代表性的作品。

　　2．以本章 4.5 节的广告为基本版式，将其主题改为"新厨神"，主体图像改为男性，并修改整体色彩等元素的风格，使之协调、统一。

　　3．打开随书所附光盘中的文件"第 4 章\4.8-1-素材 1.psd"和"第 4 章\4.8-1-素材 2.psd"，如图 4.181 所示。结合变换、混合模式及蒙版等功能，制作出如图 4.182 所示的公益广告。

图 4.181　素材图像

图 4.182　最终效果

　　4．打开随书所附光盘中的文件"第 4 章\4.8-2-素材 1.tif"到"第 4 章\4.8-2-素材 6.psd"，如图 4.183 所示。结合调整图层、蒙版、画笔绘图等功能，制作如图 4.184 所示的房地产广告效果。

图 4.183　素材图像

5．打开随书所附光盘中的文件"第 4 章\4.8-3-素材 1.psd"到"第 4 章\4.8-3-素材 9.psd"，如图 4.185 所示。结合剪贴蒙版、图层样式、绘制图形及输入文字等功能，制作类似如图 4.186 所示的广告。

图 4.184　广告效果

图 4.185　素材图像

图 4.185　素材图像（续）

图 4.186　最终效果

6. 打开随书所附光盘中的文件"第 4 章\4.8-4-素材 1.tif"到"第 4 章\4.8-4-素材 3.tif"，如图 4.187 所示。结合图层蒙版及变换等功能，制作得到一辆鼠标车效果，然后再结合文件"第 4 章\4.8-4-素材 4.tif"，如图 4.188 所示，配合输入文字等功能，制作类似如图 4.189 所示的广告效果。

图 4.187　素材 1～3

图 4.188　素材 4

图 4.189　最终效果

第5章 封面设计

5.1 封面设计概述

5.1.1 封面的组成

书是人类进步的阶梯，我们每天都在学习、阅读不同类型的图书，但并不是每个人对书都了如指掌，能够说出构成书的各个组成部分的名称。如图 5.1 所示展示了一个完整封面的基本组成。

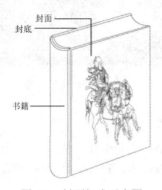

图 5.1　封面组成示意图

1. 封面

图书市场中的图书绝大多数仍然是平装书，因此封面就成为这些图书最直观的"门户"。好的封面能够吸引读者的注意力，尤其是在同类图书被成堆码放时，如图 5.2 所示展示了某一类图书成堆码放的情况。

图 5.2　封面设计作品展示

封面的构成要素：图书主题、插图、书名、作者名、出版社名称（标志）、宣传语和系列名等。

2．封底

大多数读者之所以翻看图书的封底是希望知道图书的定价，一个典型的封底，通常包括责任编辑名、书籍设计者名、出版社名（标志）、ISBN 条码和定价等。

3．书脊

书脊即书的脊背，连接书的封面与封底，虽然书脊的面积有限，但也已成为设计师关注的设计重点，因为大多数书在书架上时只有书脊被展现给读者。如图 5.3 所示展示了一个书架上不同图书的书脊设计。很显然，醒目的设计更容易吸引读者的注意力。

图 5.3　书脊设计示例

5.1.2　书装设计的基本原则

图书不是一般的消费类商品，它是文化的载体，这就注定了书装设计与其他类商品在设计方面有很大差异。在书装设计中，设计师使用的一根线、一行字、一个符号、一个色块，都要具有一定的设计思想。

每种设计都有一定的原则需要遵循，书装设计也不例外。下面列举几项重要的书装设计原则。

- 思想性：最优秀的书装是使读者一眼看到时，就理解图书的内容，并有对图书内容一探究竟的想法。为了体现图书内容或主题思想，简单地说，在书装设计中设计师要以平面设计特有的形式语言、设计手法，使书装有内涵。如图 5.4 所示的书装就具有一定的思想性。

图 5.4　具有思想性的书装

- 艺术性：书装设计仍然是一个设计门类，因此讲究艺术性是必然的，很难想象一本在设计艺术性方面不值一提的图书能够吸引读者的目光。如图 5.5 所示的书装就具有相当的艺术性。

图 5.5　具有艺术性的书装

- 新颖性：设计的核心是创新，只有新鲜的视觉形象，才能够吸引读者的目光，这一点与广告设计等其他门类的设计是相同的。如图 5.6 所示的书装就具有一定的新颖性。

图 5.6　具有新颖性的书装设计

- 时代性：每一个时代都有不同的审美倾向，这种审美的倾向影响了设计师的设计思路与设计手法，也形成了那个时代特有的设计潮流。为了使图书能够具有时代感，在进行书装设计时就必须考虑使用与之相呼应的设计手法。如图 5.7 所示的书装就具有一定的时代性。

图 5.7　具有时代性的书装作品

5.1.3　书装设计流程

一个正确的工作流程，能够帮助设计人员更准确、有效地进行书装设计，下面是书装设计的一般流程。

（1）设计师审读书的内容，与作者、文字编辑沟通思想，提炼书的主题思想。

（2）构思。

（3）搜集创作素材，准备有关文字、绘画、摄影和图形等资料。

（4）选择印刷形式与工艺。

（5）制作设计小样稿，送出版社进行审阅。

（6）修改出版社提出的意见，送经出版社审稿、定稿。

（7）制作出片文件，出片、打样。

（8）交印刷厂正式印刷。

5.1.4　封面的色彩元素

色彩在书装设计上占有很重要的地位。当一本图书放在书架上时，大多数读者是先看到图书的整体颜色感觉，再看到文字和形象的。

书装设计中颜色的选择要根据以下几个因素决定。

● 图书的内容：内容比较深沉，自然不宜使用过于跳跃的颜色。

● 图书的读者：不同年龄的人对于颜色有不同的喜好，用色要符合读者的审美倾向。

● 市场竞争情况：要考虑同类图书颜色的运用情况，进行适当的差异化设计。

如图 5.8 所示的图书在颜色运用方面都是比较得当的。

图 5.8　颜色运用得当的书装作品

5.1.5　封面的图形元素

一个笑脸的图形在任何情况下都不会被误读，这就是图形的魅力。可以说，图形是超越国家、民族、性别的语言。

在书装设计中，图形也是非常重要的设计元素。这些图形可以是具象的，也可以是抽象的，可以是现代的，也可以是古代的，只要能够更好地表达图书的主题，图形的选择没有规则。例如，常见的图形元素包括了照片、绘画图像、合成图像、符号及图案等，如图 5.9 到图 5.13 所示是使用了不同图形元素的封面作品。

图 5.9　使用照片的书装设计作品

图 5.10　使用绘画类图片的书装设计作品

图 5.11　使用合成类图像的书装设计作品

图 5.12　使用符号的书装设计作品

图 5.13　使用图案的书装设计作品

5.1.6　封面的文字元素

一本书的书装设计中可以没有图形，但一定要有文字，因为文字是书装设计中不可或缺的组成元素，很难想象一本没有书名、出版社等文字的图书会给读者带来怎样的困惑。

当然，文字除了能够传达书名、作者名、出版社名等常规信息外，在大多数情况下还会作为装饰元素出现在书装设计中。

比较常用的字体主要可以分为印刷体（如汉仪、方正等字库）、书法体（书法字）及特效文字3种，如图5.14和图5.15所示。

图 5.14　使用印刷体文字的书装作品

图 5.15　使用特效文字的书装作品

5.1.7　书脊厚度的计算方法

书脊的厚度要计算准确，这样才能确定书脊上的字体大小，设计出合适的书脊。
下面是计算书脊厚度常用的两种公式。

1．第一种公式

书脊厚度（单位是 mm）＝0.135×克数÷100×页数

> **注意**
> 　　克数是指纸张的重量，如 128g 铜版纸、157g 铜版纸、60g 胶版纸，其中的数字就是克数。

例如，一本用 60g 胶版纸印刷的文学书籍，总页码数（包括扉页、目录、正文、附录等）是 382，则这本书的书脊厚度＝0.135×60÷100×191＝15.5mm。

2．第二种公式

第二种方法稍复杂一些，书脊厚度（单位是 mm）＝页码数÷100×百页纸厚

> **注意**
>
> 百页纸厚可以咨询印刷厂人员，另外如果超过 400 页，则得到的数字要加 1 毫米。

例如，一本用 80g 胶版纸印刷的书籍，总页码数（包括扉页、目录、正文、附录等）是 420，则这本书的书脊厚度＝420÷100×5＋1＝22mm。

通常，55g 纸的百页纸厚为 3.5mm，60g 纸的百页纸厚为 3.8mm，70g 纸的百页纸厚为 4mm，80g 纸的百页纸厚为 5mm。

5.2 《SOHO 创业真经——3ds max&VRay 室内效果图渲染技法精粹》封面设计

例前导读：

本例是为 "SOHO 创业真经" 系列丛书之一的《3ds max&VRay 室内效果图渲染技法精粹》设计的一款封面，整体色彩以红色为主色，配以黄色、白色和黑色，除了在视觉上极易吸引浏览者外，黑色的加入还使封面带有一定的藏酷感觉。中间的红色书名文字，也通过背景中的白色作为对比，使之突出于整个封面之中，并与封面的整体色调相协调。

另外，作为系列图书之一的封面，应该具有易于套用至其他同系列图书的特点。在本例的封面中，就可以在保证整体布局不变的情况下，仅改变主体色调及中间白底中的书名文字即可套用至同系列其他图书，使人一眼看上去就知道它们是同一系列的图书，同时也保证了各图书之间不会有雷同的感觉。

核心技能：

- 结合标尺及辅助线划分封面中的各个区域。
- 使用形状工具绘制形状。
- 通过添加图层样式，制作图像的描边、投影等效果。
- 结合路径及文字工具制作文字绕排路径的效果。
- 结合路径及用画笔描边路径的功能，为所绘制的路径描边。
- 利用图层蒙版功能隐藏不需要的图像。

> **效果文件**
>
> 光盘\第 5 章\5.2.psd。

操作步骤：

（1）按 Ctrl＋N 组合键新建一个文件，设置弹出的对话框，如图 5.16 所示，单击 "确定" 按钮退出对话框，从而新建一个文件。设置前景色的颜色值为 D0121C，按 Alt＋Del 组合键用前景色填充当前画布。

提示

对于上面所设置的尺寸，封面宽度=正封宽度（185mm）+封底宽度（185mm）+书脊宽度（20mm）+左右出血（各 3mm）=396mm；封面高度=封面的高度（260mm）+上下出血（各 3mm）=266mm。

（2）按 Ctrl+R 组合键显示标尺，按照上面提示中的尺寸分别在水平和垂直方向上添加辅助线，如图 5.17 所示。再次按 Ctrl+R 组合键隐藏标尺。

图 5.16　"新建"对话框

图 5.17　添加辅助线

（3）设置前景色为白色，选择钢笔工具 ，并在其工具选项条上选择形状图层按钮 ，在正封中绘制一个平行四边形，如图 5.18 所示，同时得到对应的图层"形状 1"。

（4）打开随书所附光盘中的文件"第 5 章\5.2-素材 1.psd"，使用移动工具 将其拖至本例操作的文件中，得到"图层 1"，并将图像置于白色图形上方的位置，如图 5.19 所示。

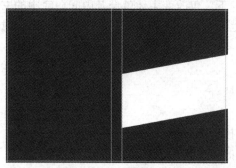

图 5.18　绘制白色图形

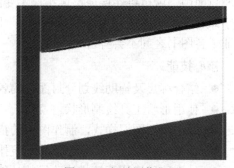

图 5.19　摆放图像位置

（5）按住 Alt 键向下拖动黑色线条图形，将其置于白色图形的下方，选择"编辑"|"变换"|"水平翻转"命令，水平翻转图像。按 Ctrl+T 组合键调出自由变换控制框，将光标置于控制框的外围，然后对图像进行逆时针旋转，使其角度与白色图形底部的边缘相同，按 Enter 键确认变换操作，如图 5.20 所示。

（6）选择横排文字工具 ，并设置适当的文字属性，在白色图形内部分 4 次分别输入各部分书名文字及作者名称，并结合变换功能改变其角度及位置等属性，直至得到如图 5.21 所示的效果为止。

图 5.20 向下复制并摆放图像

图 5.21 输入文字

（7）选中中间文字"室内效果图渲染"所在图层，单击添加图层样式按钮 **fx.**，在弹出的菜单中选择"投影"命令，设置弹出的对话框，如图 5.22 所示。然后再选择"描边"选项，设置其对话框，如图 5.23 所示，得到如图 5.24 所示的效果。

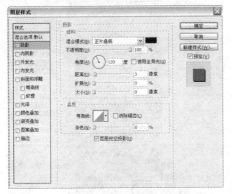

图 5.22 "投影"对话框

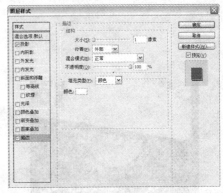

图 5.23 "描边"对话框

（8）打开随书所附光盘中的文件"第 5 章\5.2-素材 2.psd"，使用移动工具 将其拖至本例操作的文件中，得到"图层 2"。将该图层置于"背景"图层的上方，并将图像置于白色图形左下角的位置，如图 5.25 所示。

图 5.24 添加样式后的效果

图 5.25 摆放图像位置

（9）切换至"路径"面板并新建一个路径得到"路径 1"，选择钢笔工具 ，在其工具选项条上选择路径按钮 及添加到形状区域按钮 ，沿着光盘图像边缘绘制路径，如图 5.26 所示。

（10）选择横排文字工具 T，并设置适当的文字属性，将光标置于路径的起点处，并单击以插入文本光标，然后输入文字内容，进行适当的编排后得到类似如图 5.27 所示的效果。按 Ctrl+Enter 组合键确认输入的文字，隐藏路径后的图像状态如图 5.28 所示，此时的"图层"面板如图 5.29 所示。

图 5.26　绘制路径

图 5.27　输入文字

图 5.28　确认输入后的文字

图 5.29　"图层"面板

提示

至此，我们已经完成了画面中心的图像，下面将在此基础上划分出整个封面的结构。

（11）切换至"路径"面板并新建一个路径为"路径 2"，选择钢笔工具 ，在其工具选项条上选择路径按钮 及添加到形状区域按钮 ，通过单击的方式，在封面中绘制如图 5.30 所示的斜线路径。

提示

下面将依据刚刚所绘制的路径，来制作虚线效果。

（12）选择画笔工具 ，并选择一个普通的画笔，设置其大小为 2px，硬度为 100。然后新建一个图层为"图层 3"，设置前景色为白色，切换至"路径"面板并选择"路径 2"。单击用画笔描边路径按钮 ，并在面板的空白区域单击，以隐藏路径，得到如图 5.31 所示的效果。

（13）选择画笔工具 ✎，并按 F5 键显示"画笔"面板，然后如图 5.32 所示进行参数设置。单击添加图层蒙版按钮为"图层 3"添加图层蒙版，设置前景色为黑色，切换至"路径"面板并选择"路径 2"，单击用画笔描边路径按钮 ⬭，并在面板的空白区域单击，以隐藏路径，得到如图 5.33 所示的效果，此时蒙版中的状态如图 5.34 所示。如图 5.35 所示是制作虚线后的局部效果图。

图 5.30　绘制路径

图 5.31　描边得到的线条

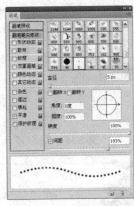

图 5.32　"画笔"面板

图 5.33　虚线效果

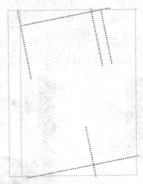

图 5.34　蒙版中的状态

图 5.35　虚线的局部效果

（14）按照本例第（6）步的方法在白色图形上方输入文字，如图 5.36 所示。打开随书所附光盘中的文件"第 5 章\5.2-素材 3.psd"，使用移动工具 ⮞ 将其拖至本例操作的文件中，得到"图层 4"，并将图像置于文字 SOHO 上，然后按 Ctrl+Alt+G 组合键创建剪贴蒙版，如图 5.37 所示。

图 5.36　输入文字

图 5.37　创建剪贴蒙版后的效果

（15）单击添加图层样式按钮 _fx_，在弹出的菜单中选择"描边"命令，设置弹出的对话框，如图 5.38 所示，得到如图 5.39 所示的效果。

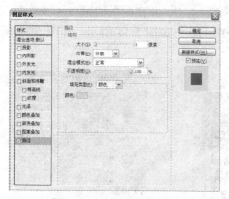

图 5.38　"描边"对话框　　　　　　　　　　　图 5.39　添加样式后的效果

提示

在"描边"对话框中，颜色块的颜色值为 FFF002。

（16）按照本例第（6）步的方法在文字 SOHO 的右侧及下方输入说明文字，得到如图 5.40 所示的效果。用同样的方法，再在封面的下方输入出版社名称及相关的宣传文字，得到如图 5.41 所示的效果。此时的"图层"面板如图 5.42 所示。

图 5.40　输入顶部的文字　　　　　　　　　　　图 5.41　输入底部的文字

提示

在实际的封面设计中，出版社的名称所采用的字体及标志往往是有严格要求的，但这些也都是由出版社提供的，只需要将其摆放在合适的位置即可，由于本例只是一个示范，所以出版社名仅采用了简单的文字代替。

（17）结合前面讲解过的输入文字、制作虚线及制作路径绕排文字等方法，再结合随书所附光盘中的文件"第 5 章\5.2-素材 4.psd"，制作书脊及封底内容，可得到如图 5.43 所示的最终效果。按照封面组成的划分，将各图层编组后的"图层"面板如图 5.44 所示。

图 5.42 "图层"面板

图 5.43 最终效果

图 5.44 "图层"面板

5.3 《石乡》封面设计

例前导读：

本例是为小说《石乡》设计的一款封面，设计师采用了中国的水墨、花瓣、飞白及书法字等元素，配合整体青灰色的色调，给人以低调、沉稳的感觉。另外，本封面还特别将主体图像缩小比例置于封面的中间位置，以重复强调上述视觉效果。

核心技能：

● 结合标尺及辅助线划分封面中的各个区域。

● 应用画笔工具绘制图像。

● 应用模糊功能制作模糊的图像效果。

● 应用调整图层的功能，调整图像的亮度和色彩等属性。

● 通过添加图层样式，制作图像的投影和发光等效果。

● 利用剪贴蒙版限制图像的显示范围。

● 利用变换功能调整图像的大小、角度及位置。

效果文件

光盘\第 5 章\5.3.psd。

操作步骤：

（1）按 Ctrl＋N 组合键新建一个文件，设置弹出的对话框，如图 5.45 所示，单击"确定"按钮退出对话框，从而新建一个文件。设置前景的颜色值为 B9C9D9，按 Alt＋Del 组合键用前景色填充当前画布。

提示

对于上面所设置的尺寸，封面宽度=正封宽度（130mm）+封底宽度（130mm）+书脊宽度（16mm）+左右出血（各 3mm）=382mm；封面高度=封面的高度（185mm）+上下出血（各 3mm）=191mm。

（2）按 Ctrl＋R 组合键显示标尺，按照上面提示中的尺寸分别在水平和垂直方向上添加辅助线，如图 5.46 所示。再次按 Ctrl＋R 组合键隐藏标尺。

图 5.45　"新建"对话框

图 5.46　添加辅助线

（3）塑造封面整体的明暗效果。新建一个图层为"图层 1"，设置前景色为黑色，选择画笔工具 ✐ 并设置适当画笔大小及不透明度，在封面及书脊的左右两侧的图像上进行涂抹，以得到暗调图像，得到如图 5.47 所示的效果。

（4）制作正封顶部的水墨图像。新建一个图层为"图层 2"，选择画笔工具 ✐，设置适当大小的柔和边缘画笔及适当的不透明度，然后在正封的顶部绘制图像，得到如图 5.48 所示的效果。

（5）打开随书所附光盘中的文件"第 5 章\5.3-素材 1.psd"，使用移动工具 ▶✢ 将其拖至本例操作的文件中，得到"图层 3"。按 Ctrl+T 组合键调出自由变换控制框，按住 Shift 键调整图像的大小，并将其置于上一步绘制的水墨图像的上方，按 Enter 键确认变换操作，得到如图 5.49 所示的效果。

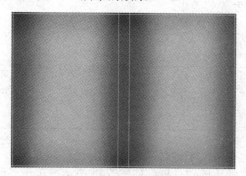

图 5.47　涂抹暗调图像

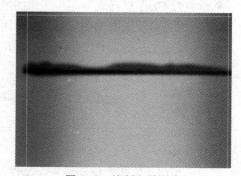

图 5.48　绘制水墨图像

（6）选择"滤镜"|"模糊"|"高斯模糊"命令，在弹出的对话框中设置"半径"数值为 0.8，单击"确定"按钮退出对话框，得到如图 5.50 所示的效果。

图 5.49 摆放图像位置

图 5.50 模糊后的图像效果

（7）单击添加图层样式按钮 fx ，在弹出的菜单中选择"外发光"命令，设置弹出的对话框如图 5.51 所示，得到如图 5.52 所示的效果。

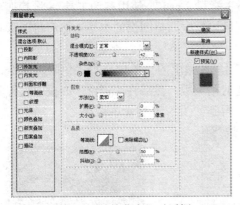

图 5.51 "外发光"对话框

图 5.52 添加样式后的效果

（8）新建一个图层为"图层 5"，选择画笔工具 并在画布中单击鼠标右键，在弹出的画笔选择框中选择如图 5.53 所示的画笔，然后在水墨的下方进行涂抹，直至得到如图 5.54 所示的效果为止。

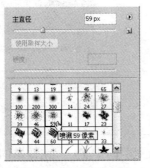

图 5.53 选择特殊画笔

图 5.54 用画笔绘制后的效果

（9）选择"滤镜"|"模糊"|"形状模糊"命令，设置弹出的对话框，如图 5.55 所示，得到如图 5.56 所示的效果。

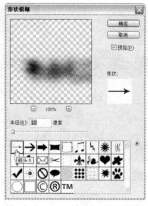

图 5.55　"形状模糊"对话框　　　　　　　　　图 5.56　模糊后的效果

（10）打开随书所附光盘中的文件"第 5 章\5.3-素材 2.psd"，使用移动工具 将其拖至本例操作的文件中，得到"图层 5"。结合自由变换控制框调整图像的大小，然后将图像置于正封右侧中间的位置，如图 5.57 所示。

（11）单击创建新的填充或调整图层按钮 ，在弹出的菜单中选择"色阶"命令，得到图层"色阶 1"。按 Ctrl＋Alt＋G 组合键创建剪贴蒙版，然后在"调整"面板中设置其参数，如图 5.58 所示。调整图像的亮度及颜色，得到如图 5.59 所示的效果。

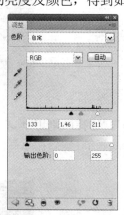

图 5.57　摆放图像位置　　　　　图 5.58　"调整"面板　　　　　图 5.59　调整亮度后的效果

提示

　　此时，相对于整个封面的色调而言，花朵图像的色彩显得过于鲜艳，下面就来解决这个问题。

（12）选择"图层 5"，单击创建新的填充或调整图层按钮 ，在弹出的菜单中选择"色相/饱和度"命令，得到图层"色相/饱和度 1"，在"调整"面板中设置其参数，如图 5.60 所示，以调整图像的颜色，得到如图 5.61 所示的效果。此时的"图层"面板如图 5.62 所示。

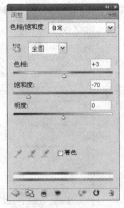

图 5.60　"调整"面板

图 5.61　调色后的效果

图 5.62　"图层"面板

（13）选择"图层 5"，单击添加图层样式按钮 _fx_，在弹出的菜单中选择"外发光"命令，设置弹出的对话框，如图 5.63 所示，得到如图 5.64 所示的效果。

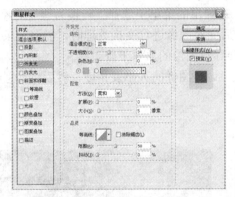

图 5.63　"外发光"对话框

图 5.64　添加样式后的效果

提示

在"外发光"对话框中，颜色块的颜色值为 EC93B5。下面将在封面中添加一些花瓣图像作为装饰。

（14）打开随书所附光盘中的文件"第 5 章\5.3-素材 3.psd"，使用移动工具 将其拖至本例操作的文件中，得到"图层 6"，并将图像置于正封中间的位置，在下面的操作中，将对其进行调色处理。

（15）单击创建新的填充或调整图层按钮 ，在弹出的菜单中选择"色阶"命令，得到图层"色阶 2"。按 Ctrl＋Alt＋G 组合键创建剪贴蒙版，然后在"调整"面板中设置其参数，如图 5.65 所示，以调整图像的亮度及颜色，得到如图 5.66 所示的效果。

（16）单击创建新的填充或调整图层按钮 ，在弹出的菜单中选择"色彩平衡"命令，得到图层"色彩平衡 1"。按 Ctrl＋Alt＋G 组合键创建剪贴蒙版，然后在"调整"面板中设置其参数，如图 5.67、图 5.68 和图 5.69 所示，以调整图像的颜色，得到如图 5.70 所示的效果。

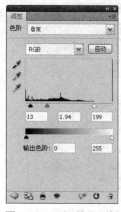 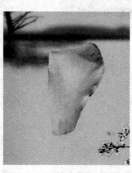 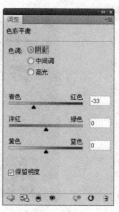 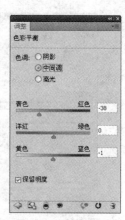

图 5.65　"调整"面板　　图 5.66　调整亮度后的效果　　图 5.67　"调整"面板 1　　图 5.68　"调整"面板 2

　　（17）选择"色彩 1"并按住 Shift 键选择"图层 6"，按 Ctrl+E 组合键将选中的图层合并，并将其重新命名为"图层 6"。

　　（18）在"图层 6"的名称上单击鼠标右键，在弹出的菜单中选择"转换为智能对象"命令，从而将其转换成为智能对象图层，以便于后面对图像进行变换处理时，能够记录下变换参数，且在 100%的比例内反复变换时，不会导致图像的质量下降。

　　（19）按 Ctrl＋T 组合键调出自由变换控制框，调整图像的大小及角度，然后将其置于底部中间的位置，如图 5.71 所示。

图 5.69　"调整"面板 3　　　　图 5.70　调色后的效果　　　　　　图 5.71　变换图像

　　（20）按 Enter 键确认变换操作。设置"图层 6"的不透明度为 50%。使用移动工具 按住 Alt 键拖动花瓣图像以得到多个其复制对象，然后调整各个花瓣的大小、角度及对应图层的不透明度等属性，使花瓣不规则地分布于画布中，得到如图 5.72 所示的效果，此时的"图层"面板如图 5.73 所示。

　　（21）打开随书所附光盘中的文件"第 5 章\5.3-素材 4.psd"，使用移动工具 将其拖至本例操作的文件中，得到"图层 7"，并将图像置于正封左下角的位置，如图 5.74 所示。

　　（22）打开随书所附光盘中的文件"第 5 章\5.3-素材 5.psd"，使用移动工具 将其拖至本例操作的文件中，得到"图层 8"，并将图像置于正封右上角的位置，如图 5.75 所示。

图 5.72 复制多个花瓣图像

图 5.73 "图层"面板

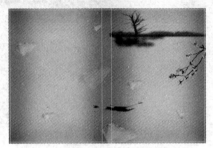

图 5.74 摆放图像位置

图 5.75 摆放文字位置

（23）单击添加图层样式按钮 _fx_，在弹出的菜单中选择"外发光"命令，设置弹出的对话框，如图 5.76 所示，得到如图 5.77 所示的效果。

提示

在"外发光"对话框中，颜色块的颜色值为 B80000。

（24）打开随书所附光盘中的文件"第 5 章\5.3-素材 6.psd"，使用移动工具 将其拖至本例操作的文件中，得到"图层 9"，并将图像置于文字"石乡"的上方，按 Ctrl+Alt+G 组合键创建剪贴蒙版，得到如图 5.78 所示的效果。

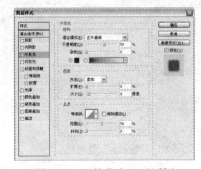

图 5.76 "外发光"对话框

图 5.77 添加样式后的效果

图 5.78 创建剪贴蒙版后的效果

（25）设置"图层 9"的混合模式为"正片叠底"，得到如图 5.79 所示的效果。选择"图层 9"并按住 Shift 键选择"图层 2"，按 Ctrl+G 组合键将选中的图层编组，并将得到的组名称修改为"正封"，此时的"图层"面板如图 5.80 所示。

提示
　　至此，我们已经完成了对正封主体图像的处理，下面将在此基础上，复制主体图像并将其缩小置于正封的中间位置。

（26）选择矩形选框工具，按住鼠标左键沿正封的辅助线绘制矩形选区，如图 5.81 所示。按 Ctrl＋Shift＋C 组合键执行"合并复制"操作，从而将选区中所有图层中的图像复制到剪贴板。按 Ctrl＋V 组合键执行"粘贴"操作，得到"图层 10"。

图 5.79　设置混合模式后的效果　　　图 5.80　"图层"面板　　　图 5.81　绘制选区

（27）按 Ctrl＋T 组合键调出自由变换控制框，将光标置于控制框的任意一角，按住 Shift 键对图像进行缩放操作，然后将其置于正封中间的位置，按 Enter 键确认变换操作，得到如图 5.82 所示的效果。

（28）单击添加图层样式按钮，在弹出的菜单中选择"投影"命令，设置弹出的对话框，如图 5.83 所示。然后再选择"内发光"选项，设置其对话框，如图 5.84 所示，得到如图 5.85 所示的效果。

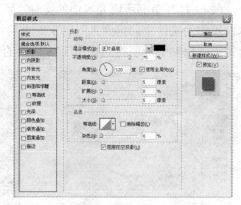

图 5.82　变换图像　　　　　　图 5.83　"投影"对话框

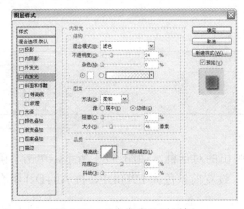

图 5.84 "内发光"对话框

图 5.85 添加样式后的效果

（29）结合前面已经制作完成的文字"石乡"，以及随书所附光盘中的文件"第 5 章\5.3-素材 6.psd"，配合使用自由变换控制框调整图像大小及设置图层属性等操作，制作完成书脊及封底的图像内容，得到的最终效果如图 5.86 所示，如图 5.87 所示是将相关图层编组后的"图层"面板。

图 5.86 最终效果

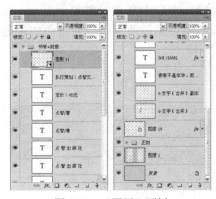

图 5.87 "图层"面板

5.4 《第三种晴缘》封面设计

例前导读：

本例是以第三种晴缘为主题的封面设计作品。在制作的过程中，设计师充分考虑能够表现书籍内容或基本精神的插图及文字。另外，采用深浅交替的条形图像作为整个封面的底图，虽然总体构图非常简单，但却直观地体现了书籍的基本内容。

核心技能：

● 结合标尺及辅助线划分封面中的各个区域。

● 利用再次变换并复制的操作制作规则的图像。

● 应用"颜色叠加"命令调整图像的颜色。

● 使用形状工具绘制形状。

● 利用图层蒙版功能隐藏不需要的图像。
● 应用"盖印"命令合并可见图层中的图像。

效果文件
　　光盘\第 5 章\5.4.psd。

操作步骤:

（1）按 Ctrl+N 组合键新建一个文件，设置弹出的对话框，如图 5.88 所示，单击"确定"按钮退出对话框，以创建一个新的空白文件。设置前景色为 F9F0DF，按 Alt+Del 组合键以前景色填充"背景"图层。

提示
　　在"新建"对话框中，封面的宽度数值为正封宽度（140mm）+书脊宽度（12mm）+封底宽度（140mm）+左右出血（各 3mm）=295mm，封面的高度数值为上下出血（各 3mm）+封面的高度（203mm）=209mm。

（2）按 Ctrl+R 组合键显示标尺，按 Ctrl+;组合键调出辅助线，按照上面的提示内容在画布中添加辅助线以划分封面中的各个区域，如图 5.89 所示。按 Ctrl+R 组合键隐藏标尺。

图 5.88 "新建"对话框

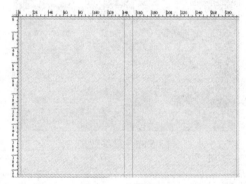

图 5.89 划分区域

提示
　　按 Ctrl+;组合键可显示辅助线。在操作过程中需要时可随时调出。下面结合形状工具及再次变换并复制的功能制作封面中的条纹图像。

（3）设置前景色的颜色值为 F3E3C3，选择矩形工具 📄，在工具选项条上选择形状图层按钮，在封底的左侧绘制如图 5.90 所示的形状，得到"形状 1"。

（4）按 Ctrl+Alt+T 组合键调出自由变换并复制控制框，配合方向键"→"向右移动位置，按 Enter 键确认操作。多次按 Alt+Ctrl+Shift+T 组合键执行再次变换并复制操作，得到如图 5.91 所示的效果。

图 5.90　绘制形状

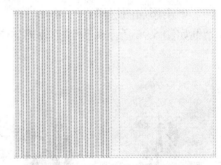

图 5.91　再次变换并复制后的效果

（5）选择路径选择工具 ，将上一步得到的图形全部选中，按 Alt+Shift 组合键将其水平移置正封位置，得到的效果如图 5.92 所示。

提示
　　至此，条纹图像已制作完成。下面制作正封中的书名图像。

（6）打开随书所附光盘中的文件"第 5 章\5.4-素材 1.psd"，使用移动工具 将其拖至第（5）步制作的文件中，得到图层"晴"。按 Ctrl+T 组合键调出自由变换控制框，按 Shift键向内拖动控制句柄以缩小图像并移动位置（正封的右侧），按 Enter 键确认操作。得到的效果如图 5.93 所示。

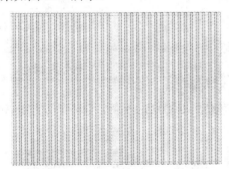

图 5.92　复制图像后的效果

图 5.93　调整图像

（7）按照第（6）步的操作方法，利用随书所附光盘中的文件"第 5 章\5.4-素材 2.psd"和"第 5 章\5.4-素材 3.psd"，结合移动工具 及变换功能，制作完整的书名，如图 5.94 所示。同时得到图层"缘"和"第三种"。

提示
　　下面制作书名周围的装饰图像，以点缀文字。

（8）选择"形状 1"作为当前的工作层，打开随书所附光盘中的文件"第 5 章\5.4-素材 4.psd"，使用移动工具 将其拖至第（7）步制作的文件中，并置于"晴"字的下面，如图 5.95 所示。同时得到图层"花"。

（9）单击添加图层样式按钮 _fx._，在弹出的菜单中选择"颜色叠加"命令，设置弹出的对话框如图 5.96 所示，得到的效果如图 5.97 所示。

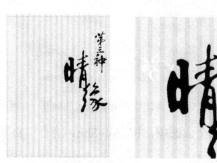

图 5.94　制作其他文字　　　图 5.95　摆放图像　　　　图 5.96　"颜色叠加"对话框

提示
在"颜色叠加"对话框中，颜色块的颜色值为 B7831B。

（10）根据前面所讲解的操作方法，结合形状工具及素材图像，制作文字"第三种"下方的红色矩形及文字"晴"上方的金环图像，如图 5.98 所示。"图层"面板如图 5.99 所示。

提示
　　1. 本步中为了方便图层的管理，在此将制作书名的图层选中，按 Ctrl+G 组合键执行"图层编组"操作得到"组 1"，并将其重命名为"书名"。在下面的操作中，笔者也对各部分进行了编组的操作，在步骤中不再叙述。另外，在制作的过程中，还需要注意各个图层间的顺序。
　　2. "形状 2"图层中的图像的颜色值为 E00025；另外，金环图像为随书所附光盘中的文件"第 5 章\5.4-素材 5.psd"。下面制作正封下方的文字图像。

图 5.97　添加图层样式后的效果　　　图 5.98　制作红色图像及金环　　　图 5.99　"图层"面板

（11）收拢组"书名"，设置前景色的颜色值为 E00025，选择矩形工具 □，在工具选项条上选择形状图层按钮 □，在正封的底部绘制如图 5.100 所示的形状，得到"形状 3"。

（12）选择横排文字工具 T，设置前景色的颜色值为白色，并在其工具选项条上设置适当的字体和字号，在第（11）步得到的红色图像上输入文字，如图 5.101 所示。同时得到相应的文字图层。

图 5.100　绘制形状

图 5.101　输入文字

（13）按照第（8）～（9）步的操作方法，利用随书所附光盘中的文件"第 5 章\5.4-素材 6.psd"，结合移动工具 ▸⊕ 及"颜色叠加"图层样式，制作红色图像上方的白色花枝图像，如图 5.102 所示。同时得到"图层 1"。

（14）单击添加图层蒙版按钮 ◎ 为"图层 1"添加蒙版，设置前景色为黑色，选择画笔工具 ✐，在其工具选项条中设置适当的画笔大小及不透明度，在图层蒙版中进行涂抹，以便将左侧的图像隐藏起来，直至得到如图 5.103 所示的效果为止。

图 5.102　制作白色花枝图像

图 5.103　添加图层蒙版后的效果

（15）根据前面所讲解的操作方法，利用随书所附光盘中的文件"第 5 章\5.4-素材 7.psd"和"第 5 章\5.4-素材 8.psd"，结合移动工具 ▸⊕、变换及"颜色叠加"图层样式，为第（14）步得到的图像补充花茎及花朵图像，如图 5.104 所示。同时得到"图层 2"和"图层 3"。

（16）复制"图层 1"得到"图层 1 副本"，按 Shift 键单击副本图层蒙版缩览图以停用图层蒙版，利用自由变换控制框调整图像的大小、角度及位置（正封的左下角），如图 5.105 所示。

图 5.104　补充花茎及花朵图像

图 5.105　复制及调整图像

　　（17）再次单击"图层 1 副本"图层蒙版缩览图以启用图层蒙版，按 D 键将前景色和背景色恢复为默认的黑色和白色，按 Ctrl+Del 组合键以背景色填充蒙版。选择画笔工具 ✐，在其工具选项条中设置适当的画笔大小及不透明度，在图层蒙版中进行涂抹，以便将书脊中的白色图像隐藏起来，得到的效果如图 5.106 所示。"图层"面板如图 5.107 所示。

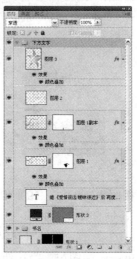

图 5.106　编辑图层蒙版后的效果　　　　　　　　图 5.107　"图层"面板

提示
　　至此，下方的文字图像已制作完成。下面制作正封中的说明文字。

　　（18）收拢组"下方文字"，结合文字工具、复制图层、更改颜色值等功能，制作正封其他说明文字，如图 5.108 所示。"图层"面板如图 5.109 所示。此时正封中的整体效果如图 5.110 所示。

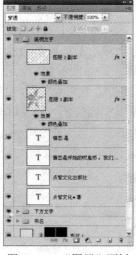

图 5.108　制作正封中的其他说明文字　　　图 5.109　"图层"面板　　　　　图 5.110　整体效果

提示
　　双击"颜色叠加"图层效果名称，即可在弹出的对话框中更改颜色值。关于颜色值的更改读者可依自己的审美进行颜色搭配。下面制作封底中的图像效果。

（19）收拢组"说明文字"，利用素材图像、文字工具及形状工具，制作封底中的条形码、文字及装饰图像，如图 5.111 所示。"图层"面板如图 5.112 所示。

提示
　　本步中应用到的素材图像为随书所附光盘中的文件"第 5 章\5.4-素材 9.psd"。

（20）展开组"下方文字"，选中"图层 1"和"图层 3"，按 Ctrl+Alt+E 组合键执行"盖印"操作，从而将选中图层中的图像合并至一个新的图层中，并将其重命名为"图层 4"，将此图层拖至所有图层的上方，收拢组"下方文字"。

（21）使用移动工具 将"图层 4"图层中的图像拖至封底红色图像的上面，按 Ctrl+Alt+G 组合键执行"创建剪贴蒙版"操作，利用自由变换控制框调整图像的大小、角度及位置，得到的效果如图 5.113 所示。

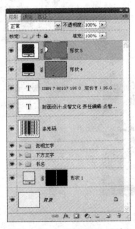

图 5.111　制作封底中的图像　　　　图 5.112　"图层"面板　　　　图 5.113　调整后的效果

（22）展开组"书名"，并选中组中的最上面的 4 个图层，按照第（20）步的方法执行"盖印"操作，并将得到的组重命名为"图层 5"。将此图层拖至所有图层上方，收拢组"书名"。利用自由变换控制框调整图像的大小及位置，得到的效果如图 5.114 所示。

（23）单击添加图层样式按钮 *fx*，在弹出的菜单中选择"外发光"命令，设置弹出的对话框如图 5.115 所示，得到的效果如图 5.116 所示。

提示
　　在"外发光"对话框中，颜色块的颜色值为 FFD174。

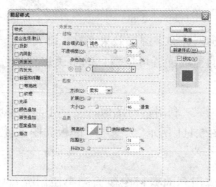

图 5.114　盖印及
调整图像

图 5.115　"外发光"对话框

图 5.116　添加图层样式
后的效果

（24）结合形状工具、复制图层及文字工具等功能，制作书脊中的图像效果，最终整体效果如图 5.117 所示。"图层"面板如图 5.118 所示。

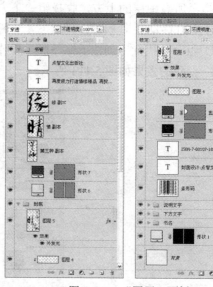

图 5.117　最终效果

图 5.118　"图层"面板

5.5　练　习　题

1．通过在网络中搜索，找到 2 幅以上，分别适用于中式古典风格、欧式古典风格、时尚风格、卡通风格及阴暗风格的元素。

2．通过在网络中搜索，找到一些不同风格的封面作品，然后尝试使用上一题中找到的元素，想象一下如何用现有的元素替换该封面中的元素，使之变得更合适。

3．假设本章 5.2 节的封面作品是系列图书中的一本，请尝试分别以《Photoshop CS4 中文版商业平面设计技法精粹》、《Photoshop CS4 中文版书装与包装设计技法精粹》和《3ds max & VRay 工装及建筑效果图渲染技法精粹》为书名，制作这几本书的封面，使这 4 本书放在一起时，能够看出是属于同一系列，但又各自拥有自己的风格和特点的书。

4. 假设封面开本尺寸为 185mm×260mm, 书脊尺寸为 14.3mm, 打开随书所附光盘中的文件"第 5 章\5.5-1-素材 1.tif"到"第 5 章\5.5-1-素材 8.tif", 如图 5.119 所示, 制作一款如图 5.120 所示的封面作品。本例的封面以版面的编排为主, 读者在制作过程中, 应注意版面规划对封面整体的影响, 也可以在此基础上进行适当的更改。

图 5.119　素材图像

图 5.120　封面效果

5. 假设封面开本尺寸为 260mm×320mm, 打开随书所附光盘中的文件"第 5 章\5.5-2-素材.tif", 如图 5.121 所示。结合滤镜、通道及图层样式等功能, 制作如图 5.122 所示的杂志正封。

提示

在制作过程中, 人物特效可以结合"木刻"及"高斯模糊"等滤镜, 配合混合模式功能进行处理; 在制作人物背后的散点图像时, 可以在通道中, 结合"彩色半调"滤镜进行处理。

图 5.121　素材图像

图 5.122　封面效果

6. 假设封面开本尺寸为 160mm×230mm，书脊宽度为 8mm，打开随书所附光盘中的文件"第 5 章\5.5-3-素材 1.tif"到"第 5 章\5.5-3-素材 8.tif"，如图 5.123 所示。结合蒙版、混合模式及图层样式等功能，制作得到如图 5.124 所示的封面作品。

图 5.123　素材图像

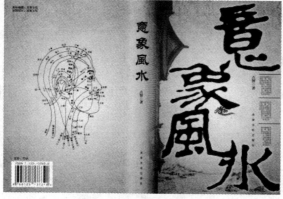

图 5.124　封面作品

第6章 包装设计

6.1 包装设计概述

6.1.1 包装的概念

包装是一个国际化的课题，世界各国对包装的定义都略有不同。下面列举的是几个典型国家对于包装的定义。

- 中国的包装定义：为在流通过程中保护产品，方便运输，促进销售，按一定技术方法而采用的容器、材料及辅助物等的总体名称。也指为了达到上述目的而采用容器、材料和辅助物的过程中施加一定技术方法等的操作活动。
- 英国的包装定义：包装是为货物的运输和销售所做的艺术、科学和技术上的准备工作。
- 美国的包装定义：包装是为产品的运输和销售所做的准备行为。

可以看出，上述定义都是围绕着包装的基本功能来论述的。通常，包装要做到防潮、防挥发、防污染变质、防腐烂，在某些场合还要防止曝光、氧化、受热或受冷，以及受不良气体的损害等。我们常见的商品，大到电视机、冰箱，小到钢笔、图钉、光盘等，都有不同的包装形式。这些都属于包装结构的范围之内。

如图 6.1 所示就是一些优秀的包装设计作品。

图 6.1　包装设计作品示例

图 6.1　包装设计作品示例（续）

6.1.2　包装设计的内容

对于一个完整的包装设计来说，主要包括 3 部分内容，即造型设计、结构设计与装潢设计。在设计流程中也是按照上述顺序依次进行的，其中大部分设计师面对的都是最后一部分，即包装的装潢设计。下面分别介绍一下各部分设计的功能及内容。

1. 造型设计

包装的造型设计主要是设定包装的外形，如最普通的正方形、矩形、圆柱形等。对于高档的产品来说，为了突出产品的差异性及美观程度，造型更是丰富多样、千奇百怪。

2. 结构设计

确定了包装的造型后，紧接着就需要考虑包装的整体结构，如内折、外折、镂空、材料的厚度等。纸包装发展的历史最为悠久，而且面对的产品也多种多样，因此其结构也是最为丰富的。如图 6.2 所示就是一些不同样式的纸包装结构图示例。

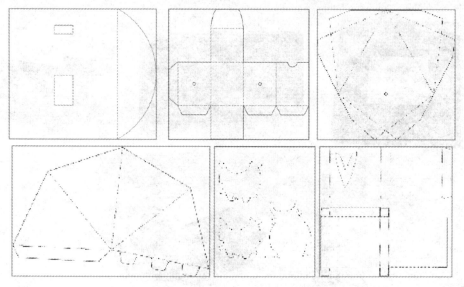

图 6.2　不同结构的纸包装结构图

3. 装潢设计

如前所述，包装的装潢设计是大多数设计师接触到的包装设计工作，因为出于经费预算、印刷难度及产品本身对包装的要求等诸多原因，造型与结构设计工作相对而言非常少，而且以我国的现阶段情况来看，商家也多希望能够在包装的装潢设计方面，与同类产品有所区别——毕竟这样做，在成本和差异的直观程度上可以取得一个很好的平衡。

总的来说，任何一个包装装潢设计，都应该符合以下四项基本要求：

- 引人注目；
- 易于辨认；
- 具有好感；
- 恰如其分。

以上四个方面都是促进商品销售时必不可少的，它们之间互相制约，时有矛盾。协调好四者之间关系，便是成功之作，如图 6.3 所示就是一些比较优秀的包装作品。

图 6.3 优秀包装设计作品欣赏

在下面的讲解中，将着重讲解包装装潢设计中的 3 大要素，即色彩、图像、文字的运用，以及包装整体版面的编排等知识。同时，下面所述的包装设计，如无特殊说明，均指包装装潢设计。

6.1.3　包装设计的流程

1．策划阶段

首先，必须与客户进行有效而明确的沟通，以了解产品本身的特性、面向的人群、成本承受能力及客户希望突出的重点等，并尽最大可能多方面调集相关的资料做参考。

其次，需要对目前产品的市场有所了解，如销售的渠道、展示方式及同类产品的包装形式，以便在设计时绕开已有的设计形式，力求与同类产品有所区别。

最后，当全面地掌握了有关的信息和资料后，便有了分析、判断的依据，从而可对调查结果进行科学的分析、统计，使结果对设计产生正确的指导性影响，拟定出合理的包装设计计划及工作进度表，以利于设计的顺利进行。

计划书包括包装重点资料与条件的分析和设定；明确设计理念并制定设计目标；提供设计意念表达的构思方案；明细经费预算及设计进度。

2．创意阶段

创意阶段也可称为构思阶段，在此之前，设计师要充分了解产品自身的特点及相关信息，然后尝试从不同的角度看待各个产品的重点，进而在不断的瞬间思索中找到创意灵感。

在设计构思过程中，逐渐会形成基本的思考模式，即 4W1H 构思模式。

- "What"：设计什么产品？假如要设计茶的包装，那么，是红茶、绿茶，还是其他种类的茶？
- "Who"：为谁设计，对象是谁？是男、女、老、少、大众消费群体，还是有身份、地位的消费群？
- "Why"：为什么要这样设计？是想建立知名度、提高市场占有率、维持品牌形象，还是开拓新市场？
- "Where"：在哪里销售产品？零售店、大型超市、国内、国外、南方、北方，还是少数民族聚居地？
- "How"：如何设计，怎样设计？如何抓住产品的特性进行色彩设计？

以此为构思线索，了解包装色彩设计构思的诸方面环节，并把它们联系起来，在设计过程中加以具体化。

3．定稿

定稿是指将众多的设计草图与委托人一起研讨、分析，并测试初选方案的货架展示效果，以及征求部分消费者的意见，在共同协商中确定最佳的设计方案。

4．正稿制作

正稿制作即指印前设计稿的细化过程。在今天的数码时代，电脑的应用已将这一过程变得轻松、快捷。

5．修改样稿

有了电脑设计稿，并不代表整个设计过程的完成，因为包装的最后成型还包括出胶片和印刷。为了使设计的效果能更真实、准确地再现，还要对打样稿做校正，如色彩修正、局部调整、品质监制等，以确保包装成品最终达到设计要求。

6. 照相与分色

对于包装设计中的图像来源（如插图、照片等），要经过照相、扫描分色及电脑调整后才能进行印刷。目前，电子分色技术产生的效果精美准确，已被广泛应用。

7. 制版

制版方式有凸版、平版、凹版、丝网版等，但基本上都是采用晒版和腐蚀的原理进行制版。现代平版印刷是通过分色成软片，然后晒到 PS 版上进行拼版印刷的。

8. 拼版

将各种不同制版来源的软片，分别按要求的大小拼到印刷版上，然后再晒成印版（PS版）进行印刷。

9. 打样

晒版后的印版在打样机上进行少量试印，以此作为与设计原稿进行比对、校对及对印刷工艺进行调整的依据和参照。

10. 印刷

根据合乎要求的开度，使用相应印刷设备进行大批量生产。

11. 加工成型

对印刷成品进行压凸、烫金（银）、上光过塑、打孔、模切、除废、折叠、粘合、成型等后期工艺加工。

6.2 雪花牌儿童饮品包装设计

例前导读：

本案例制作的是雪花牌儿童饮品包装设计作品。此包装主要是以包装名称"益智开胃"作为卖点，这是一款针对儿童消费者的饮料包装设计，在颜色上选用了黄色系的暖色系，突出了健康的特性。

核心技能：

- 利用辅助线划分包装盒中的各个区域。
- 结合变换功能调整图像的大小、角度及位置。
- 利用形状工具及其运算功能绘制各种形状。
- 结合"外发光"及"投影"等图层样式，制作图像的发光及投影等效果。
- 应用"彩色半调"滤镜制作圆点图像效果。
- 利用文字工具及复制功能，来制作主题文字及相关说明文字。
- 结合"盖印"操作，将选中图层中的图像合并至一个新图层中。
- 利用图层属性融合各部分图像内容。

 效果文件
光盘\第 6 章\6.2.psd。

操作步骤：

（1）按 Ctrl+N 组合键新建一个文件，设置弹出的对话框，如图 6.4 所示，单击"确定"按钮退出对话框，以创建一个新的空白文件。

提示

在"新建"对话框中，其宽度数值=包装盒的正面宽度（276mm）+包装盒的左侧面（24mm）+包装盒的右侧面（24mm）+左右出血（各 3mm）=330mm，高度数值=包装盒正面高度（156mm）+包装盒的背面（156mm）+包装盒的上下两个侧面（各 24mm）+上下出血（各 3mm）=366mm。

（2）按 Ctrl+R 组合键显示标尺，按照上面的提示内容在画布中添加辅助线以划分包装盒中的各个区域，如图 6.5 所示。再次按 Ctrl+R 组合键以隐藏标尺。在制作的过程中如有需要，可以随时调出标尺。设置前景色的颜色值为 FFE100，按 Alt+Del 组合键填充前景色。

图 6.4 "新建"对话框

图 6.5 添加辅助线

提示

下面开始在通道中利用滤镜制作喷溅图像效果。

（3）切换至"通道"面板，新建一个通道为"Alpha1"，设置前景色为白色，选择画笔工具 ，在其工具选项条中设置适当的画笔大小及不透明度，在包装盒正面位置进行涂抹，直至得到如图 6.6 所示的效果为止。

（4）选择"滤镜"|"像素化"|"彩色半调"命令，设置弹出的对话框，如图 6.7 所示，得到如图 6.8 所示的效果。

图 6.6 画笔涂抹后的效果

图 6.7 "彩色半调"对话框

（5）按 Ctrl 键单击"Alpha1"的通道缩览图，以调出选区，得到的选区如图 6.9 所示。切换至"图层"面板，选择"背景"，新建一个图层为"图层 1"，设置前景色为白色，按 Alt+Del 组合键填充前景色，按 Ctrl+D 组合键取消选区，得到如图 6.10 所示的效果。

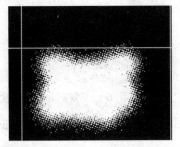

图 6.8　应用"彩色半调"后的效果

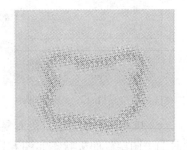

图 6.9　调出选区

提示

下面利用形状工具制作雪花状图形效果。

（6）选择"背景"，设置前景色的颜色值为 FFF89A，选择自定形状工具 ，并在其工具选项条上，单击形状图层按钮 ，单击形状后的下拉三角按钮 ，在弹出的"自定形状"拾色器中选择"花 6"，如图 6.11 所示。在正面左下方绘制如图 6.12 所示的形状，得到"形状 1"。

图 6.10　填充颜色

图 6.11　形状选框

提示

在绘制形状时，若形状选框中没有需要的形状，可以单击形状选择框右上角的三角按钮 ，在弹出的菜单中选择"全部"命令，然后在弹出的提示框中单击"确定"按钮，将所有 Photoshop 自带的形状都载入进来，以便于以后使用，同时我们就可以在其中找到刚刚所使用的形状了。

（7）在确保图层的矢量蒙版缩览图处于选中的状态时，选择路径选择工具 ，选中雪花路径，按 Alt 键拖动以复制出一个图形。按 Ctrl+T 组合键调出自由变换控制框，调整形状的大小及位置，按 Enter 键确认操作，得到如图 6.13 所示的效果。

图 6.12　绘制形状

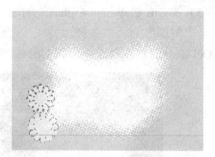

图 6.13　复制并调整形状

（8）按照同样的方法，接着复制并调整其他形状，直至得到如图 6.14 所示的效果为止。此时的"图层"面板状态如图 6.15 所示。

图 6.14　复制并调整其他形状

图 6.15　"图层"面板

提示
　　1. 在同一个图层中制作不同大小的形状，还可以按 Ctrl+Alt+T 组合键调出自由变换并复制控制框，按 Alt+Shift 组合键向内拖动控制句柄，以等比例缩小路径，按 Enter 键确认操作即可得到。
　　2. 为了方便读者管理图层，故将制作正面底图的图层编组。选中要进行编组的图层，按 Ctrl+G 组合键执行"图层编组"操作，得到"组 1"，并将其重命名为"背景修饰"。在制作其他部分图像时，也进行了编组操作，笔者将不再重复讲解操作过程。下面利用素材图像制作正面的图像。

（9）选择组"背景修饰"，打开随书所附光盘中的文件"第 6 章\6.2-素材 1.psd"，使用移动工具 将其分别移至正面上，分别得到相应的图层，按 Ctrl+T 组合键调出自由变换控制框，分别调整图像大小及位置，按 Enter 键确认变换操作，得到如图 6.16 所示的效果。此时的"图层"面板状态如图 6.17 所示。

提示
　　从图像效果中可以看到，素材图像已经覆盖到了正面以外位置，下面就通过蒙版来解决此问题。

图 6.16 调整图像

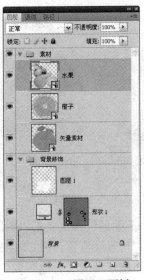

图 6.17 "图层"面板

（10）选择矩形工具 ，在工具选项条上选择路径按钮 ，沿着辅助线在正面边缘绘制路径，如图 6.18 所示。选择"图层"|"矢量蒙版"|"当前路径"命令，将路径以外的图像隐藏，得到如图 6.19 所示的效果。

图 6.18 绘制路径

图 6.19 将路径以外的图像隐藏

提示

下面制作正面上的装饰图形效果。

（11）打开随书所附光盘中的文件"第 6 章\6.2-素材 2.psd"，将其调整到橙子左上方的位置，得到"图层 2"，结合变换功能调整图像的大小、角度及位置，得到如图 6.20 所示的效果。

（12）单击添加图层样式按钮 *fx*，在弹出的菜单中选择"描边"命令，设置弹出的对话框，如图 6.21 所示。设置颜色值为 F3B300，得到如图 6.22 所示的效果。

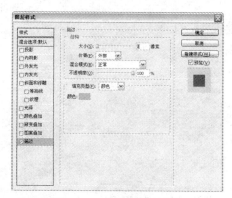

图 6.20　调整图像　　　　　　　　　　　图 6.21　"描边"对话框

（13）下面通过多次复制"图层 2"得到其多个副本图层，并结合变换功能分别调整图像的大小、角度及位置，按 Ctrl+E 组合键向下合并所有副本图层，并将其重命名为"图层 3"。以制作橙子周围的其他图像，直至得到如图 6.23 所示的效果为止。此时的"图层"面板状态如图 6.24 所示。

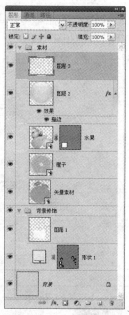

图 6.22　应用"描边"后的效果　　图 6.23　制作橙子周围的其他图像　　图 6.24　"图层"面板

提示
　　下面开始制作包装盒正面上的主题文字效果。

（14）选择横排文字工具 T，设置适当的前景色颜色值，并在其工具选项条上设置适的字体和字号，在正面分别输入"益智"、"开"和"胃"文字，并结合变换功能调整文字的大小、角度及位置，直至得到如图 6.25 所示的效果为止。

（15）为文字添加投影及描边效果。选择"益智"，单击添加图层样式按钮 fx，在弹出的菜单中选择"投影"命令，设置弹出的对话框，如图 6.26 所示。然后在"图层样式"对话框中继续选择"描边"选项，设置其对话框，如图 6.27 所示，得到如图 6.28 所示的效果。

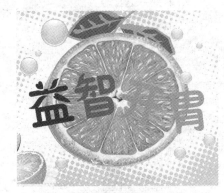

图 6.25　输入文字

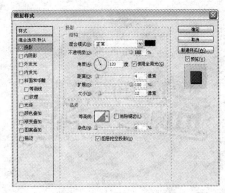

图 6.26　"投影"对话框

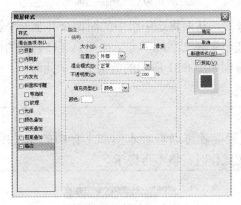

图 6.27　"描边"选项

图 6.28　添加图层样式后的效果

提示

　　在"投影"对话框中，颜色块的颜色值为 181878。

（16）为其他主题文字添加相同的图层样式，直至得到如图 6.29 所示的效果为止。此时的"图层"面板状态如图 6.30 所示。

提示

　　添加相同图层样式的方法是，在一个图层的名称上单击鼠标右键，在弹出的菜单中选择"拷贝图层样式"命令，在另一个图层的名称上单击鼠标右键，在弹出的菜单中选择"粘贴图层样式"命令，使二者具有相同的图层样式。如感觉效果不满意，还可以双击图层效果名称，在弹出的对话框中更改参数设置。

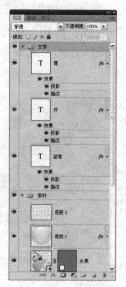

图 6.29　添加相同的图层样式后的效果　　　　　图 6.30　"图层"面板

（17）按 Ctrl+Alt+E 组合键执行"盖印"操作，从而将选中组中的图像合并至一个新图层中，并将其重命名为"图层 4"。同时将其拖至主题文字的下方，按照第（15）步的操作方法，应用"外发光"及"描边"命令，直至得到如图 6.31 所示的效果为止。此时的"图层"面板状态如图 6.32 所示。

提示

图层样式及颜色值的具体设置读者可以查看本例源文件中的相关图层，这里不再赘述，下面有类似的操作时，将不再提示。

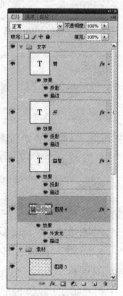

图 6.31　制作文字效果　　　　　　　　　图 6.32　"图层"面板

（18）打开随书所附光盘中的文件"第 6 章\6.2-素材 3.psd"，将其调整到正面位置，结合变换功能调整图像的大小、角度及位置，得到"标志+文字"，直至得到如图 6.33 所示的效果为止。此时的"图层"面板状态如图 6.34 所示。

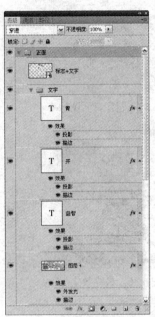

图 6.33　制作标志及文字　　　　　　　　　　图 6.34　"图层"面板

提示

　　1．具体的图层属性设置读者可以查看本例源文件中的相关图层，由于前面都有过详细的讲解，这里不再一一赘述，下面有类似的操作时，也不再加以提示。

　　2．本步笔者是以智能对象的形式给的素材，由于其操作前面有过讲解，在叙述上略显烦琐，若要查看具体的参数设置，读者可以双击智能对象缩览图，在弹出的对话框中单击"确定"即可观看到操作的过程，这里不再一一赘述。

（19）选择组"正面"，按 Ctrl+Alt+E 组合键执行"盖印"操作，从而将选中组中的图像合并至一个新图层中，并将其重命名为"背面"，结合变换功能调整图像的角度及位置，将其调整到背面上，直至得到如图 6.35 所示的效果为止。

（20）打开随书所附光盘中的文件"第 6 章\6.2-素材 4.psd"，将其调整到侧面位置，结合变换功能调整图像的大小及位置，得到"侧面内容"，以制作侧面上的图像，直至得到如图 6.36 所示的最终效果为止，此时的"图层"面板状态如图 6.37 所示。

图 6.35　制作背面图像

图 6.36　最终效果

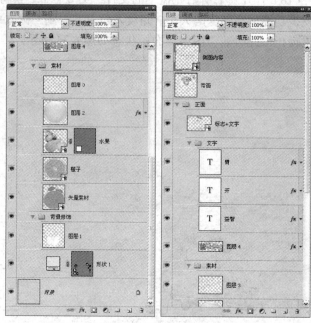

图 6.37　"图层"面板

6.3　润芝源药品包装设计

例前导读：

　　这是一款针对女性消费者的药物包装设计，在颜色上选用了适中的紫罗兰红色，突出了女性柔美的特性，配上较亮的中黄色使整个包装响亮而醒目。图形上也是采用代表女性的凤纹图案，而下部的图案在画面中起到必不可少的装饰作用。

　　在制作时作者通过形状和图层样式制作了包装的主体部分——LOGO。而背景中的图形是通过对素材图像的变形、叠加来制作的。

　　核心技能：

- 使用形状工具绘制形状。
- 利用再次变换并复制的操作制作规则的图像。
- 通过添加图层样式，制作图像的渐变、描边等效果。
- 利用图层蒙版功能隐藏不需要的图像。
- 应用"盖印"命令合并可见图层中的图像。

效果文件
　　光盘\第 6 章\6.3.PSD。

操作步骤：

（1）打开随书所附光盘中的文件"第 6 章\6.3-素材.psd"，用颜色值为 FFF301 的黄色填充"背景"图层，利用矩形工具 □ 及钢笔工具 ♦，绘制两个形状图层，分别得到"形状 1"和"形状 2"。制作流程如图 6.38 所示。

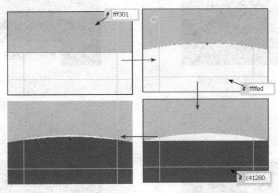

图 6.38　绘制形状流程图

　提示
　　下面在图像的上方加入花纹素材，以丰富画面。

（2）显示"素材 1"将其重命名为"图层 1"，单击锁定透明像素命令按钮 図，再为其填充颜色，效果如图 6.39 所示。按 Ctrl+T 组合键调出自由变换控制框，缩小图像并移动到如图 6.40 所示的位置。

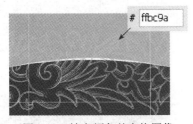

图 6.39　填充颜色并变换图像

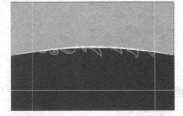

图 6.40　变换图像

（3）将"图层 1"移动到"形状 1"的下方，得到如图 6.41 所示的效果。同样将"素材 2"重命名为"图层 2"，并将其处理成如图 6.42 所示的效果。

（4）按 Ctrl+Alt+T 组合键调出自由变换并复制控制框，将图像水平向右移动到如图 6.43 所示的位置，同时得到"图层 2 副本"。按 Enter 键确认变换操作。连续按 Shift+Ctrl+Alt+T 组合键执行"再次变换并复制"操作，直至得到如图 6.44 所示的效果为止。此时的"图层"面板如图 6.45 所示。

　提示
　　至此，花纹图像已制作完成。下面制作产品 LOGO 的基型。

图 6.41 变换图层位置后的效果

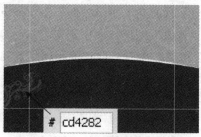

图 6.42 变换图像

图 6.43 自由变换并复制控制框

图 6.44 再次变换并复制

（5）使用椭圆工具 ○，在画面中间绘制一个如图 6.46 所示的椭圆，得到“形状 3”。单击添加图层样式命令按钮 *fx*，在弹出的菜单中选择“斜面和浮雕”命令，设置弹出的对话框，如图 6.47 所示。

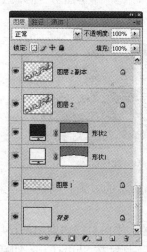

图 6.45 “图层”面板状态

图 6.46 绘制椭圆

（6）在“图层样式”对话框中选择“渐变叠加”及“描边”选项，设置弹出的对话框，如图 6.48 和图 6.49 所示，得到如图 6.50 所示的效果。

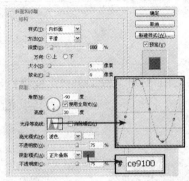

图 6.47 "斜面和浮雕"命令对话框

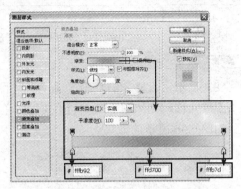

图 6.48 "渐变叠加"命令对话框

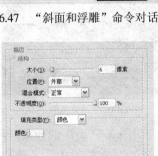

图 6.49 "描边"命令对话框.

图 6.50 应用图层样式后的效果

（7）复制"形状 3"得到"形状 3 副本"。按 Ctrl＋T 组合键将其缩小到如图 6.51 所示的状态。为其添加蒙版，选择对称渐变工具 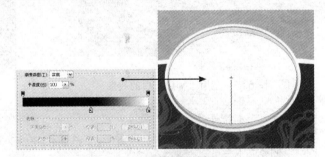，从椭圆的中心向下绘制渐变，如图 6.52 所示。得到如图 6.53 所示的效果。其图层蒙版状态如图 6.54 所示。

图 6.51 绘制椭圆

图 6.52 绘制渐变

图 6.53 绘制渐变后的效果

图 6.54 图层蒙版状态

提示

　　下面制作 LOGO 的文字部分。

（8）显示"素材 3"，将其重命名为"图层 3"。按 **Ctrl+T** 组合键调出自由变换控制框，缩小图像并移动到如图 6.55 所示的位置。单击锁定透明像素命令按钮，再为其填充颜色，得到如图 6.56 所示的效果。

图 6.55　变换素材图像

图 6.56　填充颜色

（9）通过"描边"图层模式为其增加描边效果，得到如图 6.57 所示的效果。再在"润之源"的下方输入相关的文字，将新得到的文字图层重命名为"文字 1"，得到如图 6.58 所示的效果。

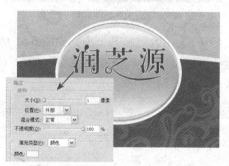

图 6.57　应用"描边"后的效果

图 6.58　输入其他文字

提示

　　至此，主题文字图像已制作完成。下面制作小圆部分。

（10）使用椭圆工具，在椭圆的右下方绘制一个正圆，得到"形状 3"，如图 6.59 所示。

（11）单击添加图层样式命令按钮 _fx_，在弹出的菜单中选择"渐变叠加"命令，设置弹出的对话框如图 6.60 所示，得到如图 6.61 所示的效果。

（12）复制"形状 3"得到"形状 3 副本"。用鼠标右键单击其图层名称，在弹出的菜单中选择"清除图层样式"命令以将其图层样式清除，如图 6.62 所示。

图 6.59 绘制小圆

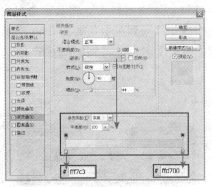

图 6.60 "渐变叠加"命令对话框

图 6.61 叠加渐变后的效果

图 6.62 复制并清除图层样式后的效果

（13）为"形状 3 副本"添加图层蒙版，选择线性渐变工具 ，从椭圆的下方向上绘制渐变，如图 6.63 所示，得到如图 6.64 所示的效果。

图 6.63 绘制渐变

图 6.64 绘制渐变后的效果

（14）选择"形状 3"和"形状 3 副本"图层，按 Ctrl+Alt+E 组合键执行"盖印"操作，得到"形状 3 副本（合并）"图层，将其缩小并移动到如图 6.65 所示的位置。

提示

下面制作企业名称及标志，并在包装两个侧面放置产品的 LOGO，从而完成制作。

图 6.65 盖印并缩小

（15）显示"素材 4"，将其重命名为"图层 4"。按 Ctrl+T 组合键调出自由变换控制框，将其缩小并移动到左上角如图 6.66 所示的位置。选择横排文字工具 T，在图像右下角输入企业的中英文名称，得到如图 6.67 所示的效果。

图 6.66　变换图像

图 6.67　输入企业名称

（16）选择"形状 3"到"文字 1"的所有图层，按 Ctrl+Alt+E 组合键执行"盖印"操作，得到"文字 1（合并）"图层。按 Ctrl+T 组合键调出自由变换控制框，将图像旋转 90 度，再缩小并移动到左侧如图 6.68 所示的位置，按 Enter 键确认变换操作。

（17）按 Ctrl+Alt+T 组合键调出自由变换并复制控制框，在控制框内单击鼠标右键，在弹出的对话框中选择"水平翻转"，并移动到右侧如图 6.69 所示的位置，得到最终效果。

图 6.68　变换图像后的效果

图 6.69　最终效果

（18）此时的"图层"面板状态如图 6.70 所示。如图 6.71 所示为应用本例的平面图所制作的效果图。

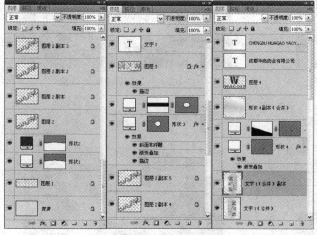
图 6.70　最终"图层"面板状态

图 6.71　应用本例中平面图制作的效果图

6.4 可乐包装

例前导读：

本例是为"可乐"制作的封面标志。在制作的过程中主要运用到彩色半调滤镜效果，对路径进行编辑。

核心技能：

- 利用图层蒙版功能隐藏不需要的图像。
- 通过设置图层属性以混合图像。
- 应用"色相/饱和度"调整图层调整图像的色相及饱和度。
- 利用剪贴蒙版限制图像的显示范围。
- 结合通道及滤镜功能，创建特殊的选区。
- 应用钢笔工具 ♦.绘制路径。

效果文件
光盘\第 6 章\6.4.psd。

操作步骤：

（1）打开随书所附光盘中的文件"第 6 章\6.4-素材 1.psd"，如图 6.72 所示。将其作为本例的背景图像。

提示
本步笔者是以组的形式给的素材，由于其操作非常简单，但在叙述上略显烦琐，因此读者可以参考最终效果源文件进行参数设置，展开组即可观看到操作的过程。下面制作画布上方的彩色半调图案。

（2）使用矩形选框工具 ▢，在当前文件上方绘制如图 6.73 所示的矩形。切换至"通道"面板，新建"Alpha1"，设置前景色的颜色值为白色，按 Alt+Del 组合键填充前景色，按 Ctrl+D 组合键取消选区，得到如图 6.74 所示的效果。

图 6.72 素材图像

图 6.73 绘制选区

（3）选择"滤镜"|"模糊"|"高斯模糊"命令，在弹出的对话框中设置"半径"数值为 10px，得到如图 6.75 所示的效果。

图 6.74　填充效果

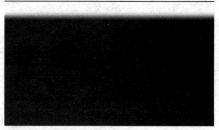

图 6.75　应用"高斯模糊"后的效果

（4）选择"滤镜"|"像素化"|"彩色半调"命令，设置弹出的对话框，如图 6.76 所示，得到如图 6.77 所示的效果。

图 6.76　"彩色半调"对话框

图 6.77　应用"彩色半调"后的效果

（5）在按 Ctrl 键的同时单击"Alpha1"通道缩览图以载入其选区，切换回"图层"面板。在所有图层上方新建"图层 2"。设置前景色的颜色值为 E60012，按 Alt+Del 组合键填充前景色，按 Ctrl+D 组合键取消选区，得到如图 6.78 所示的效果。

（6）单击创建新的填充或调整图层按钮　，在弹出的菜单中选择"色相/饱和度"命令，得到图层"色相/饱和度 2"。按 Ctrl+Alt+G 组合键执行"创建剪贴蒙版"操作，设置弹出的面板如图 6.79 所示，得到如图 6.80 所示的效果。

图 6.78　填充效果

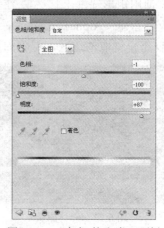

图 6.79　"色相/饱和度"面板

（7）选择组"底纹"作为当前工作层。设置前景色的颜色值为 FDB4B3。选择钢笔工具 ，在工具选项条上选择形状图层按钮 ，在当前文件中绘制如图 6.81 所示的形状，得到"形状 1"。

提示

在绘制第 1 个图形后，将会得到一个对应的形状图层，为了保证后面所绘制的图形都是在该形状图层中进行的，在绘制其他图形时，需要在工具选项条上选择适当的运算模式，如添加到形状区域或从形状区域减去等。

图 6.80 "创建剪贴蒙版"后的效果

图 6.81 绘制形状

（8）选择"形状 1"矢量蒙版缩览图以确认路径处于未选中的状态，设置前景色的颜色值为 D88288。选择钢笔工具 ，在工具选项条上选择形状图层按钮 ，在第（7）步得到的形状左边绘制如图 6.82 所示的形状，得到"形状 2"。

（9）在按 Ctrl 键的同时单击"形状 2"的矢量蒙版缩览图以载入其选区，单击添加图层蒙版命令按钮 。在图层蒙版被激活的状态下，选择"滤镜"|"模糊"|"高斯模糊"命令，在弹出的对话框中设置"半径"数值为 9px，得到如图 6.83 所示的效果。

提示

单击矢量蒙版缩览图可显示/隐藏路径线。

图 6.82 绘制形状

图 6.83 添加图层蒙版后的效果

（10）新建"图层 3"。选择钢笔工具 ，在工具选项条上选择路径按钮 ，在上一步得到的图像上绘制如图 6.84 所示的路径。

（11）切换"通道"面板，新建"Alpha2"，设置前景色的颜色值为白色，按 Alt+Del 组合键填充前景色，得到一个白底的通道。按 Ctrl+Enter 组合键将路径转换为选区。设置前景色的颜色值为 777777，按 Alt+Del 组合键填充前景色，按 Ctrl+D 组合键取消选区，得到如图 6.85 所示的效果。

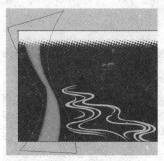 

图 6.84　绘制路径　　　　　　　　　　　图 6.85　填充效果

（12）选择"滤镜"|"像素化"|"彩色半调"命令，设置弹出的对话框，如图 6.86 所示，得到如图 6.87 所示的效果。按 Ctrl+I 组合键应用"反相"命令，得到如图 6.88 所示的效果。

图 6.86　"彩色半调"对话框　　　图 6.87　应用"彩色半调"　　　图 6.88　应用"反相"命令
　　　　　　　　　　　　　　　　　　　　后的效果　　　　　　　　　　后的状态

（13）在按 Ctrl 键的同时单击"Alpha2"通道缩览图以载入其选区，切换回"图层"面板。选择"图层 3"。设置前景色的颜色值为白色，按 Alt+Del 组合键填充前景色，按 Ctrl+D 组合键取消选区，得到如图 6.89 所示的效果。设置"图层 3"的"填充"为 63%。得到如图 6.90 所示的效果。

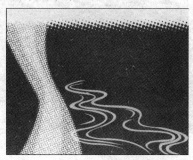 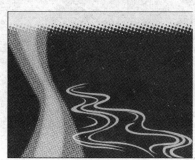

图 6.89　填充效果　　　　　　　　　　图 6.90　设置填充后的效果

（14）设置前景色的颜色值为白色，选择钢笔工具 ，在工具选项条上选择形状图层按钮，在第（13）步得到的图像上绘制如图 6.91 所示的形状，得到"形状 3"。

（15）选择钢笔工具 ，在工具选项条上选择路径按钮 ，在当前控件左方绘制如图 6.92 所示的路径。

（16）单击创建新的填充或调整图层按钮 ，在弹出的菜单中选择"纯色"命令，然后在弹出的"拾取实色"对话框中设置其颜色值为 FF0015，得到如图 6.93 所示的效果，同时得到图层"颜色填充 1"。

图 6.91　绘制形状

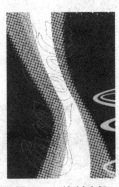

图 6.92　绘制路径

图 6.93　应用"颜色填充"
后的效果

（17）复制"颜色填充 1"得到"颜色填充 1 副本"，按 Ctrl+T 组合键调出自由变换控制框，将图像缩小并移动位置，按 Enter 键确定操作，得到如图 6.94 所示的效果。

（18）双击"颜色填充 1 副本"图层缩览图，在弹出的对话框中设置其颜色值为 141E7E，按"确定"按钮退出对话框，得到如图 6.95 所示的效果。"图层"面板如图 6.96 所示。

图 6.94　复制并调整图像

图 6.95　更改颜色后的效果

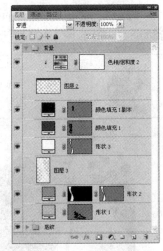

图 6.96　"图层"面板

提示

　　本步中为了方便图层的管理，在此将制作背景的图层选中，按 Ctrl+G 组合键执行"图层编组"操作得到"组 1"，并将其重命名为"背景"。在下面的操作中，笔者也对各部分进行了编组的操作，在步骤中不再叙述。下面制作主题人物图像。

　　（19）收拢组"背景"。设置前景色的颜色值为白色，选择钢笔工具 ，在工具选项条上选择形状图层按钮 ，在当前文件中绘制如图 6.97 所示的人物形状，得到"形状 4"。

　　（20）确认"形状 4"的矢量蒙版处于未选中的状态，设置前景色的颜色值为 CACACA。选择钢笔工具 ，在工具选项条上选择形状图层按钮 ，在人物上面绘制如图 6.98 所示衣服形状，得到"形状 5"。按 Ctrl+Alt+G 组合键执行"创建剪贴蒙版"操作，得到如图 6.99 所示的效果。

图 6.97　绘制人物形状　　　　图 6.98　绘制衣服形状　　　　图 6.99　"创建剪贴蒙版"后的效果

　　（21）按照第（19）步的操作方法利用形状工具继续绘制人物的头发、头花、眼睛，得到如图 6.100 到图 6.103 所示的效果。同时得到图层"形状 6"～"形状 9"。

提示

　　至此，人物的大体轮廓已绘制出来。下面来为衣服绣花。

图 6.100　绘制头发形状　　　　　　　　　　图 6.101　绘制头花形状

图 6.102　绘制眼睛下方形状

图 6.103　绘制眼睛上方形状

（22）选择"形状 5"作为当前工作层，打开随书所附光盘中的文件"第 6 章\6.4-素材 2.psd"，使用移动工具 将其拖至第（21）步制作的人物图像的身上，得到图层"花朵"。

（23）按 Ctrl+Alt+G 组合键执行"创建剪贴蒙版"操作，然后再使用移动工具 调整图像的位置，得到的效果如图 6.104 所示。"图层"面板如图 6.105 所示。

（24）选择组"背景"作为当前的工作层。设置前景色的颜色值为 FDB4B3。选择自定义形状工具 ，在"形状"后的下拉菜单中选择如图 6.106 所示的形状。在人物的上方进行绘制得到如图 6.107 所示的形状，得到"形状 10"。

图 6.104　"创建剪贴蒙版"后的效果

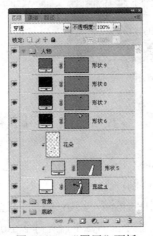
图 6.105　"图层"面板

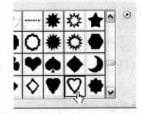
图 6.106　形状样本

（25）复制"形状 10"24 次，结合自由变换控制框，调整大小、角度及摆放位置，直至得到如图 6.108 所示的效果为止。将"形状 10"及其副本选中，按 Ctrl+G 组合键将选中的图层编组，将得到的图层组重命名为"心形"。

提示

在副本的图层中"形状 10 副本"、"形状 10 副本 22"至"形状 10 副本 24"颜色为白色，其他均为 FDB4B3。在更改颜色值时可双击图层缩览图，在弹出的"拾取颜色"对话框中进行更改。下面制作文字等元素，从而完成制作。

图 6.107　绘制形状

图 6.108　复制并调整图像

（26）选择组"人物"。打开随书所附光盘中的文件"第 6 章\6.4-素材 3.psd"，按 Shift 键使用移动工具 ▸⊹ 将其拖至第（25）步制作的文件中，得到的最终效果如图 6.109 所示。"图层"面板如图 6.110 所示。

图 6.109　最终效果

图 6.110　"图层"面板

6.5　练　习　题

1. 尝试为本章 6.2 节的案例更改颜色方案，除此之外尽量保持其他元素不变，使之仍然适合作为一款面向儿童群体的产品包装。

2. 打开随书所附光盘中的文件"第 6 章\6.5-1-素材 1.psd"，以此裁切版为基础，再打开随书所附光盘中的文件"第 6 章\6.5-1-素材 2.psd"和"第 6 章\6.5-1-素材 3.psd"，如图 6.111、图 6.112 和图 6.113 所示，使用这些素材图像，并结合变换及绘制图形等功能，设计整个盒体的内容，风格以简洁、大方为主，直至得到类似如图 6.114 所示的效果为止。

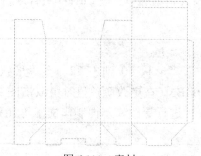

图 6.111　素材 1

图 6.112　素材 2

图 6.113 素材 3 图 6.114 最终效果

3. 假设某月饼包装盒的尺寸为 21mm×21mm（不含出血），打开随书所附光盘中的文件 "第 6 章\6.5-2-素材 1.psd" 到 "第 6 章\6.5-2-素材 5.psd"，如图 6.115 所示，结合绘制图像、混合模式及图层蒙版等功能，制作一个包装正面的图像，如图 6.116 所示。

图 6.115 素材图像

图 6.116 包装效果

4．以绘制图形图层样式及图层蒙版等技术为主，制作一款卫生纸的包装。在本例中，读者无须考虑包装的具体尺寸，只要符合此类产品包装的常见比例即可，重点在于表现包装的内容，最终效果如图 6.117 所示。

图 6.117　　包装效果

第7章 写真照片设计

7.1 写真照片设计

写真照片设计可大致分为婚纱写真与人物写真两类，其中婚纱写真在市场占有的份额最大。据媒体报道，每年婚庆市场有上千亿的市场规模，在这上千亿的消费中，有相当部分是投到了婚纱照片上了，因为大多数新人会花几千甚至上万元，去拍摄可能是一生一次的婚纱照片。

而作为婚纱摄影业的下游配套行业——婚纱及写真照片设计市场，无疑也具有极其吸引人的市场前景。目前影楼婚纱照的数码化已经基本普及了，虽然不同的地区、不同的影楼可能存在这样或那样的区别，但数码婚纱照片的设计与制作流程基本上是一样的。因此，在此仅简单讲述对于从事数码后期制作的人员而言，必须了解婚纱照片的特点与基本的设计理念。

7.1.1 婚纱写真照片的特点

作为写真照片中一个重要的分支,婚纱写真设计有着与个人写真照片在本质上的区别。例如，个人写真照片可以重复多次拍摄，而对于许多新人而言，婚纱照与结婚一样是一生一次的，因此每一个人都在认真对待。他们希望在照片中体现自己最美好的一面，为自己的人生留下美妙的回忆，因此不难想象婚纱照片对于新人的重要性。

作为婚纱照片的后期设计人员，需要根据新人的照片进行设计与创意，以强化照片的效果，以最佳形式在相册中展现这些定格的瞬间。如图7.1所示就是两幅典型的婚纱写真作品。

图 7.1 婚纱写真作品

7.1.2 个人写真照片的特点

从拍照的出发点来说，个人写真照片更多的是由年轻人的主观意识决定的，如留下对青春、对美好事物的记忆等，而不像婚纱写真照片那样略带有一定的强制性。同时它还受到个人经济能力、主观愿望，以及年轻人追求个性却无法找到满意的方案等因素的影响。

因此，虽然个人写真并没有婚纱写真那样大的市场，但也是不可忽视的一个方向，尤其是如果能够设计出一些优秀的、个性化的写真作品，如很容易吸引有这方面兴趣的消费群体。如图 7.2 所示就是两幅典型的个人写真作品。

图 7.2　有代表性的个人写真作品

7.1.3　写真照片设计的未来方向

影楼数码化的进程虽然并不长，但普及的速度之快、范围之广，却超出了许多人的想象，目前基本上绝大部分稍具规模的影楼都实现了数码化。

跟随影楼数码化进程的就是写真照片后期设计发展历程，从最初只是对照片进行修瑕疵、调整颜色，发展到中期如火如荼的套用模板，再到今天许多影楼开始自己设计特色模板，自己创新照片主题，可以说写真照片数码设计与制作行业发展迅速。

时至今日，完全照搬照套写真照片模板虽然已经不再是唯一的选择，但仍然在许多追求效率的小规模影楼中大量存在，但可以预见的是写真照片未来的设计方向，一定是个性化、特色化的，那些对所有写真照片应用一套模板或几套模板的情况将不再存在。

7.1.4　写真照片的设计理念

虽然，从本质上说写真照片设计仍然是平面设计的一种，但它仍然与平面设计的其他设计领域有太多的不同之处。例如，在写真照片被数字化之前，使用模板进行设计与制作是一件不可想象的事，而在数码婚纱照片设计领域我们不仅看到了这种现象的存在，甚至已经成为了很多影楼赖以生存的重点手段之一。

另外，在数码婚纱照片设计领域中，摄影师与后期制作人员的相互配合非常重要，这一点与其他平面设计领域有所不同。摄影师在拍摄时就应该考虑到后期设计与制作的方方面面，这样的工作流程能够使后期制作更完美地体现摄影师的意图，也能够使后期制作更加轻松容易。

由于后期设计的主旨是通过艺术的表现形式，延伸摄影的意境，挖掘照片的丰富内涵，所以从设计的本身来看，平面设计中的构图、颜色、文字编排等理论是完全适用的。但后期设计人员，应该更多地关注人物本身的特质，因此新人本身即是表现主体又是客户，这样的双重身份，将会使其提出高于其他设计领域设计要求的标准。

7.2　浪漫恋情婚纱设计

例前导读：

本例是以浪漫恋情为主题的婚纱设计作品。在制作的过程中，设计师以粉红色作为主色调，突出主题。另外，就是对照片主体图像的柔光处理，这些手法稍加变化就能够制作出梦幻唯美的照片或为照片增添浪漫气氛。

核心技能：

- 通过添加图层样式，制作图像的发光、投影等效果。
- 应用调整图层的功能，调整图像的亮度、色彩等属性。
- 利用图层蒙版功能隐藏不需要的图像。
- 利用剪贴蒙版限制图像的显示范围。
- 通过设置图层属性以混合图像。
- 应用"变形"命令使图像变形。
- 应用"盖印"命令合并可见图层中的图像。

 效果文件

　　光盘\第 7 章\7.2.psd。

操作步骤：

（1）打开随书所附光盘中的文件"第 7 章\7.2-素材 1.psd"，如图 7.3 所示。将其作为本例的背景图像。

 提示

　　本步笔者是以组的形式给的素材，由于其操作非常简单，但在叙述上略显烦琐，因此读者可以参考最终效果源文件进行参数设置，展开组即可观看到操作的过程。下面利用图层样式及调整图层的功能调整人物图像。

（2）单击添加图层样式按钮 *fx*，在弹出的菜单中选择"外发光"命令，设置弹出的对话框，如图 7.4 所示，得到的效果如图 7.5 所示。

图 7.3　素材图像

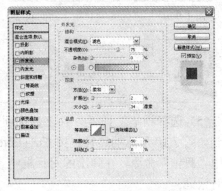

图 7.4　"外发光"对话框

提示

　　　　在"外发光"对话框中，颜色块的颜色值为 F69696。

　　（3）单击创建新的填充或调整图层按钮 ，在弹出的菜单中选择"亮度/对比度"命令，得到图层"亮度/对比度 1"，设置弹出的面板如图 7.6 所示，得到如图 7.7 所示的效果。

图 7.5　添加图层样式后的效果

图 7.6　"亮度/对比度"面板

　　（4）单击创建新的填充或调整图层按钮 ，在弹出的菜单中选择"色相/饱和度"命令，得到图层"色相/饱和度 1"，设置弹出的面板如图 7.8 所示，得到如图 7.9 所示的效果。

图 7.7　应用"亮度/对比度"后的效果

图 7.8　"色相/饱和度"面板

提示

　　　　下面结合选区、羽化、调整图层及编辑蒙版的功能，调整局部的光感效果。

　　（5）选择钢笔工具 ，在工具选项条上选择路径按钮 ，在人物左手臂的上、下方绘制如图 7.10 所示的路径。按 Ctrl+Enter 组合键将路径转换为选区，按 Shift+F6 组合键应用"羽化"命令，在弹出的对话框中设置"羽化半径"数值为 2，单击"确定"按钮退出对话框。

图 7.9　调色后的效果

图 7.10　绘制路径

（6）保持选区，单击创建新的填充或调整图层按钮 ，在弹出的菜单中选择"亮度/对比度"命令，得到图层"亮度/对比度 2"，设置弹出的面板如图 7.11 所示，得到如图 7.12 所示的效果。

图 7.11　"亮度/对比度"面板

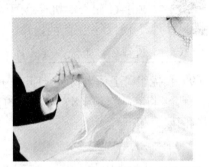
图 7.12　应用"亮度/对比度"后的效果

（7）单击创建新的填充或调整图层按钮 ，在弹出的菜单中选择"曲线"命令，得到图层"曲线 1"，设置弹出的面板如图 7.13 到图 7.16 所示，得到如图 7.17 所示的效果。

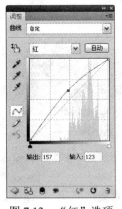
图 7.13　"红"选项

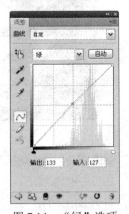
图 7.14　"绿"选项

图 7.15　"蓝"选项

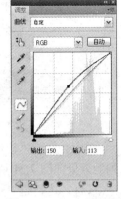
图 7.16　"RGB"选项

（8）在"曲线 1"图层蒙版被激活的状态下，设置前景色为黑色，按 Alt+Del 组合键以前景色填充蒙版。再更改前景色为白色，选择画笔工具 ，在其选项条中设置适当的画笔大小及不透明度，在蒙版中进行涂抹，以将女性人物右侧的亮光显示出来，如图 7.18 所示。"图层"面板如图 7.19 所示。

图 7.17　应用"曲线"后的效果

图 7.18　编辑蒙版后的效果

提示

　　本步中为了方便图层的管理，在此将制作主体人物的图层选中，按 Ctrl+G 组合键执行"图层编组"操作得到"组 1"，并将其重命名为"主体人物"。在下面的操作中，笔者也对各部分进行了编组的操作，在步骤中不再叙述。下面制作主体人物下方的相框图像。

　　（9）收拢组"主体人物"，打开随书所附光盘中的文件"第 7 章\7.2-素材 2.psd"，使用移动工具 将其拖至第（8）步制作的文件中，并置于男性人物的下方如图 7.20 所示。同时得到图层"相框"。

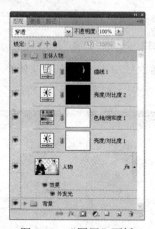
图 7.19　"图层"面板

图 7.20　摆放图像

　　（10）复制"相框"得到"相框副本"，按 Shift 键使用移动工具 水平向右移动，得到的效果如图 7.21 所示。

　　（11）选择组"主体人物"作为操作对象，打开随书所附光盘中的文件"第 7 章\7.2-素材 3.psd"，使用移动工具 将其拖至第（10）步制作的文件中，得到"图层 1"。按 Ctrl+T 组合键调出自由变换控制框，按 Shift 键向内拖动控制句柄以缩小图像并移动位置，按 Enter 键确认操作，得到的效果如图 7.22 所示。

图 7.21　复制及移动位置

图 7.22　调整图像

（12）单击创建新的填充或调整图层按钮　，在弹出的菜单中选择"色相/饱和度"命令，得到图层"色相/饱和度 2"。按 Ctrl+Alt+G 组合键执行"创建剪贴蒙版"操作，设置弹出的面板如图 7.23 所示，得到如图 7.24 所示的效果。

图 7.23　"色相/饱和度"面板

图 7.24　调色后的效果

（13）根据前面所讲解的操作方法，利用随书所附光盘中的文件"第 7 章\7.2-素材 4.psd"，结合变换、复制图层及剪贴蒙版等功能，制作右侧相框中的照片，如图 7.25 所示。同时得到"图层 2"和"色相/饱和度 2 副本"。

提示
　　下面结合形状工具及图层属性功能提高人物图像的亮度。

（14）选择图层"相框副本"，设置前景色的颜色值为白色，选择矩形工具　，在工具选项条上选择形状图层按钮　，在左侧人物图像上绘制形状以便将人物图像覆盖，然后选择路径选择工具　，选取刚刚绘制的形状，按 Alt+Shift 组合键水平移向右侧相框图像上，得到的效果如图 7.26 所示。同时得到"形状 1"。

图 7.25　制作右侧相框中的照片　　　　　　　图 7.26　绘制形状

（15）设置"形状 1"的混合模式为"柔光"，不透明度为 50%，以混合图像，得到的效果如图 7.27 所示。

（16）利用随书所附光盘中的文件"第 7 章\7.2-素材 5.psd"，结合移动工具 、图层属性及复制图层等功能，制作相框图像上方的花纹图像，如图 7.28 所示。"图层"面板如图 7.29 所示。

图 7.27　设置图层属性后的效果　　　　　　　图 7.28　制作花纹图像

提示

　　本步中设置了"花纹"及其副本图层的混合模式为"明度"。此时，主体人物的下方与相框图像显得不是很融合，下面利用图层蒙版功能来处理这个问题。

（17）展开组"主体人物"，单击添加图层蒙版按钮 为图层"人物"添加蒙版，设置前景色为黑色，选择画笔工具 ，在其工具选项条中设置适当的画笔大小及不透明度，在图层蒙版中进行涂抹，以将下方的图像隐藏起来，直至得到如图 7.30 所示的效果为止。

提示

　　至此，相框图像已制作完成。下面制作装饰花图像。

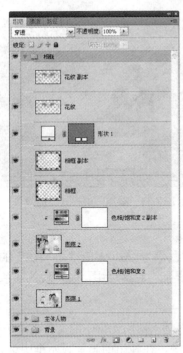

图 7.29 "图层"面板

图 7.30 添加图层蒙版后的效果

（18）选择组"背景"作为操作对象，打开随书所附光盘中的文件"第 7 章\7.2-素材 6.psd"，按 Shift 键使用移动工具 将其拖至第（17）步制作的文件中，得到的效果如图 7.31 所示。同时得到图层"两侧的花纹"。

（19）单击添加图层样式按钮 *fx*，在弹出的菜单中选择"投影"命令，设置弹出的对话框，如图 7.32 所示。然后在"图层样式"对话框中继续选择"颜色叠加"选项，设置其对话框如图 7.33 所示。得到如图 7.34 所示的效果。

图 7.31 拖入图像

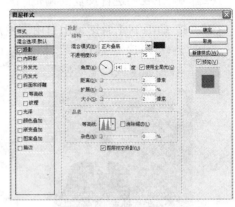

图 7.32 "投影"对话框

图 7.33　"颜色叠加"对话框

图 7.34　添加图层样式后的效果

提示
　　在"投影"对话框中，颜色块的颜色值为 AB090F，"等高线"的设置为系统自带的"环形-双环"；在"颜色叠加"对话框中，颜色块的颜色值为 F6C1C1。下面制作心形图像。

　　（20）新建"图层 3"，设置前景色为 C64D4C，打开随书所附光盘中的文件"第 7 章\7.2-素材 7.abr"，选择画笔工具 ，在画布中单击鼠标右键，在弹出的画笔显示框中选择刚刚打开的画笔，在男性人物的左侧单击（原位多次单击），得到的效果如图 7.35 所示。

　　（21）复制"图层 3"得到"图层 3 副本"，在此图层的名称上单击鼠标右键，在弹出的菜单中选择"转换为智能对象"命令，从而将其转换成为智能对象图层。

提示
　　转换成智能对象图层的目的是，在后面将对"图层 3 副本"图层中的图像进行变形操作，而智能对象图层则可以记录下所有的变形参数，以便于我们进行反复的调整。

　　（22）按 Ctrl+T 组合键调出自由变换控制框，在控制框内单击鼠标右键，在弹出的菜单中选择"旋转 90 度（顺时针）"，然后向上调整图像的位置。重复刚刚的操作，再选择"变形"命令，在控制区域内拖动使图像变形，状态如图 7.36 所示。按 Enter 键确认操作。

图 7.35　涂抹后的效果

图 7.36　变形状态

（23）选中"图层 3"和"图层 3 副本"，按 Ctrl+Alt+E 组合键执行"盖印"操作，从而将选中图层中的图像合并至一个新图层中，并将其重命名为"图层 4"。利用自由变换控制框进行水平翻转并移动位置，得到的效果如图 7.37 所示。

（24）按照第（23）步的操作方法，选中"图层 3"至"图层 4"，并执行"盖印"操作，将得到的图层重命名为"图层 5"。

（25）打开随书所附光盘中的文件"第 7 章\7.2-素材 8.asl"，选择"窗口"|"样式"命令，以显示"样式"面板，选择刚打开的样式（通常在面板中的最后一个）为"图层 5"应用样式，此时图像效果如图 7.38 所示。"图层"面板如图 7.39 所示。

图 7.37　盖印及调整图像　　　　图 7.38　应用图层样式后的效果

提示

至此，花纹图像已制作完成。下面制作主题文字图像。

（26）选择组"相框"，打开随书所附光盘中的文件"第 7 章\7.2-素材 9.psd"，使用移动工具将其拖至第（25）步制作的文件中，并置于人物图像的上方，如图 7.40 所示。同时得到图层"文字"。

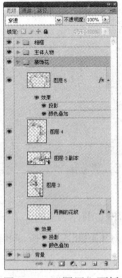 

图 7.39　"图层"面板　　　　　图 7.40　摆放图像

（27）按照第（25）步的操作方法打开随书所附光盘中的文件"第 7 章\7.2-素材 10.asl"，并为图层"文字"应用样式，得到的最终效果如图 7.41 所示。"图层"面板如图 7.42 所示。

　　　　图 7.41　最终效果　　　　　　　　　　　　图 7.42　　"图层"面板

7.3　水墨柔情写真设计

例前导读：

本例是以水墨柔情为主题的写真设计作品。在制作的过程中，设计师以柔和的墨荷配合精美的半调图案作为照片的底图，展出了一种柔美的视觉效果，并在右上方用大墨水、月光及文字等设计元素来烘拖主题气氛，从而使整个画面看上去华丽，但又不会显得媚俗。

核心技能：

- 结合通道及滤镜的功能创建特殊的选区。
- 通过设置图层属性来混合图像。
- 利用图层蒙版功能隐藏不需要的图像。
- 利用剪贴蒙版限制图像的显示范围。
- 应用调整图层的功能，调整图像的亮度、对比度等属性。
- 利用变换功能调整图像的大小、角度及位置。
- 使用形状工具绘制形状。
- 应用"内阴影"命令，制作图像的阴影效果。

效果文件
光盘\第 7 章\7.3.psd。

操作步骤：

（1）按 Ctrl+N 组合键新建一个文件，设置弹出的对话框如图 7.43 所示，单击"确定"按钮退出对话框，以创建一个新的空白文件。设置前景色为 CFD8A3，按 Alt+Del 组合键以前景色填充"背景"图层。

提示
　　下面利用素材图像，结合通道、滤镜及图层蒙版等功能，制作背景中的基本元素。

（2）打开随书所附光盘中的文件"第 7 章\7.3-素材 1.psd"，按 Shift 键使用移动工具 ，将其拖至上一步新建的文件中，得到的效果如图 7.44 所示。同时得到"图层 1"。

图 7.43 "新建"对话框

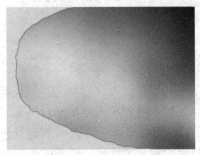

图 7.44 拖入图像

（3）选择多边形套索工具 ，在画布中绘制如图 7.45 所示的选区，切换至"通道"面板，单击将选区存储为通道按钮 得到"Alpha1"，选择"Alpha1"，按 Ctrl+D 组合键取消选区，此时通道中的状态如图 7.46 所示。

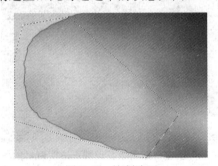

图 7.45 绘制选区

图 7.46 通道中的状态

（4）按 Ctrl+I 组合键应用"反相"命令，得到如图 7.47 所示的效果。选择"滤镜"|"模糊"|"高斯模糊"命令，在弹出的对话框中设置"半径"数值为 125，得到如图 7.48 所示的效果。

图 7.47 应用"反相"后的效果

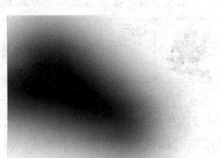

图 7.48 模糊后的效果

（5）选择"滤镜"।"像素化"।"彩色半调"命令，设置弹出的对话框如图 7.49 所示，得到如图 7.50 所示的效果。

图 7.49　"彩色半调"对话框　　　　　　　　图 7.50　应用"彩色半调"后的效果

（6）按 Ctrl 键单击"Alpha1"通道缩览图以载入其选区，切换回"图层"面板，选择"图层 1"，新建"图层 2"，设置前景色为白色，按 Alt+Del 组合键以前景色填充选区，按 Ctrl+D 组合键取消选区，得到的效果如图 7.51 所示。

（7）按 Ctrl+Alt+G 组合键执行"创建剪贴蒙版"操作，以确定"图层 2"与"图层 1"的剪贴关系，设置"图层 2"的填充为 30%，得到的效果如图 7.52 所示。

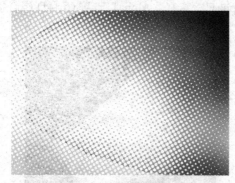

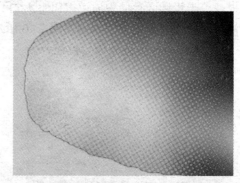

图 7.51　填充后的效果　　　　　　　　图 7.52　创建剪贴蒙版及设置不透明度后的效果

（8）单击添加图层蒙版按钮 ▢ 为"图层 2"添加蒙版，设置前景色为黑色，选择渐变工具，在其工具选项条中选择线性渐变工具 ▇，在画布中单击鼠标右键，在弹出的渐变显示框中选择渐变类型为"前景色到透明渐变"，在蒙版中分别从画布的右下方至左上方、右上方至左下方、左上方至右下方绘制渐变，得到的效果如图 7.53 所示。

 提示
　　下面结合素材图像及调整图层等功能，制作左侧的水墨图像。

（9）打开随书所附光盘中的文件"第 7 章\7.3-素材 2.psd"，使用移动工具 ▸₊ 将其拖至上一步制作的文件中，并将其置于画布的左下方，同时得到"图层 3"，设置此图层的混合模式为 "线性加深"，以混合图像，得到的效果如图 7.54 所示。

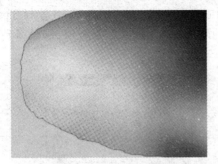

图 7.53 添加图层蒙版后的效果 　　　　　图 7.54 制作水墨图像

（10）单击创建新的填充或调整图层按钮 ，在弹出的菜单中选择"亮度/对比度"命令，得到图层"亮度/对比度 1"。按 Ctrl+Alt+G 组合键执行"创建剪贴蒙版"操作，设置弹出的面板如图 7.55 所示，得到如图 7.56 所示的效果。

（11）单击创建新的填充或调整图层按钮 ，在弹出的菜单中选择"曲线"命令，得到图层"曲线 1"。按 Ctrl+Alt+G 组合键执行"创建剪贴蒙版"操作，设置弹出的面板如图 7.57 到图 7.59 所示，得到如图 7.60 所示的效果。

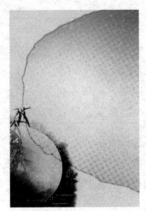

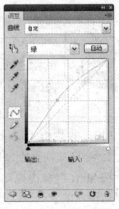

图 7.55 "亮度/对比度"面板 　图 7.56 应用"亮度/对比度"后的效果 　图 7.57 "绿"选项

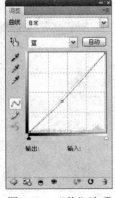

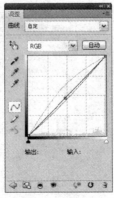

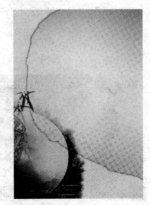

图 7.58 "蓝"选项 　　图 7.59 "RGB"选项 　　图 7.60 应用"曲线"后的效果

（12）按照前面所讲解的操作方法，利用随书所附光盘中的文件"第 7 章\7.3-素材 3.psd"，结合移动工具 ➕ 及图层属性的功能，制作左上方的水墨图像，如图 7.61 所示。同时得到"图层 4"。"图层"面板如图 7.62 所示。

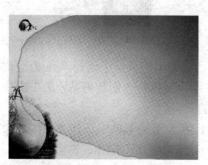

图 7.61　制作左上方的水墨图像

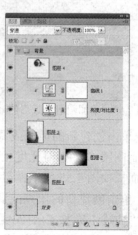

图 7.62　"图层"面板

提示

　　本步中为了方便图层的管理，在此将制作背景的图层选中，按 Ctrl+G 组合键执行"图层编组"操作得到"组 1"，并将其重命名为"背景"。在下面的操作中，笔者也对各部分进行了编组的操作，在步骤中不再叙述。本步中设置了"图层 4"的混合模式为"颜色加深"。下面制作人物图像。

（13）收拢组"背景"，打开随书所附光盘中的文件"第 7 章\7.3-素材 4.psd"，使用移动工具 ➕ 将其拖至刚制作的文件中，得到"图层 5"。按 Ctrl+T 组合键调出自由变换控制框，按 Shift 键向内拖动控制句柄以缩小图像并及移动位置，按 Enter 键确认操作。得到的效果如图 7.63 所示。

（14）按 Ctrl 键单击"图层 5"图层缩览图以载入其选区，单击创建新的填充或调整图层按钮 ⬤，在弹出的菜单中选择"曲线"命令，得到图层"曲线 2"，设置弹出的面板如图 7.64 到图 7.66 所示，得到如图 7.67 所示的效果。

图 7.63　调整图像

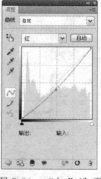

图 7.64　"红"选项

图 7.65　"绿"选项

（15）添加人物的睫毛。新建"图层 6"，设置前景色为黑色，选择画笔工具 🖌️，并在其工具选项条中设置画笔为"柔角 1 像素"，在人物的右眼处绘制人物的睫毛，如图 7.68 所示。"图层"面板如图 7.69 所示。

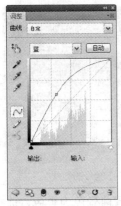

图 7.66 "蓝"选项   图 7.67 应用"曲线"后的效果   图 7.68 制作睫毛图像

提示

至此，人物图像已制作完成。下面制作墨荷图像。

（16）收拢组"人物"，选择组"背景"作为当前的工作层，利用随书所附光盘中的文件"第 7 章\7.3-素材 5.psd"，结合移动工具 ➤ 及图层蒙版的功能，制作画布右下角的荷花图像，如图 7.70 所示。同时得到"图层 7"。

图 7.69 "图层"面板   图 7.70 制作荷花图像

（17）复制"图层 7"得到"图层 7 副本"，结合变换及编辑蒙版的功能，制作人物后方的荷花图像，如图 7.71 所示。

（18）选中"图层 7"和"图层 7 副本"，按 Ctrl+G 组合键执行"图层编组"的操作，得到"组 1"。按 Ctrl+Alt+E 组合键执行"盖印"操作，从而将选中图层中的图像合并至一个新图层中，并将其重命名为"图层 8"。隐藏"组 1"。

（19）按 Ctrl+Shift+U 组合键应用"去色"命令，以去除图像的色彩，得到如图 7.72 所示的效果。设置"图层 8"的混合模式为"正片叠底"，不透明度为 20%，以混合图像，得到的效果如图 7.73 所示。

图 7.71　复制及调整图像

图 7.72　去色后的效果

（20）单击添加图层蒙版按钮 为"图层 8"添加蒙版。设置前景色为黑色，选择画笔工具 ，在其工具选项条中设置适当的画笔大小及不透明度，在图层蒙版中进行涂抹，以便将左侧及上方多余的图像隐藏起来，直至得到如图 7.74 所示的效果为止。"图层"面板如图 7.75 所示。

图 7.73　设置图层属性后的效果

图 7.74　添加图层蒙版后的效果

提示
　　　　至此，墨荷图像已制作完成。下面制作墨水图像及墨水中的月光图像。

（21）收拢"墨荷"，选择组"背景"作为当前的工作层，根据前面所讲解的操作方法，利用随书所附光盘中的文件"第 7 章\7.3-素材 6.psd"到"第 7 章\7.3-素材 8.psd"，结合图层属性及图层蒙版等功能，制作画布右上方的墨水图像，如图 7.76 所示。"图层"面板如图 7.77 所示。

提示
　　本步中将每个图层的混合模式均设置为"正片叠底"。

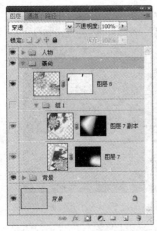

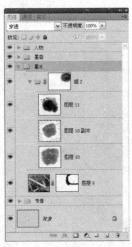

图 7.75 "图层"面板 1　　　　　图 7.76 制作墨水图像　　　　　图 7.77 "图层"面板 2

（22）选择并收拢组"墨水"，设置前景色的颜色值为 458F1A。选择椭圆工具 ◯，在工具选项条上选择形状图层按钮 ▢，按 Shift 键在墨水图像上绘制如图 7.78 所示的形状，得到"形状 1"。

（23）设置"形状 1"的不透明度为 70%，以降低图像的透明度。按照第（8）步的操作方法为当前图层添加蒙版，应用渐变工具在蒙版中绘制渐变，以将右下方的图像隐藏起来，得到的效果如图 7.79 所示。

图 7.78 绘制形状　　　　　　　　　图 7.79 添加图层蒙版后的效果

（24）单击添加图层样式按钮 ƒx，在弹出的菜单中选择"内阴影"命令，设置弹出的对话框如图 7.80 所示，得到的效果如图 7.81 所示。

提示

下面制作画面中的小照片及文字图像。

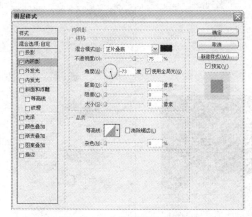

图 7.80 "内阴影"对话框　　　　　　　　图 7.81 添加图层样式后的效果

（25）选择组"人物"作为当前的操作对象，打开随书所附光盘中的文件"第 7 章\7.3-素材 9.psd"，按 Shift 键使用移动工具 ，将其拖至第（24）步制作的文件中，得到的效果如图 7.82 所示。同时得到组"字"及"小照片"。

提示

　　本步笔者是以组的形式给的素材，由于其操作非常简单，在叙述上略显烦琐，读者可以参考最终效果源文件进行参数设置，展开组即可观看到操作的过程。下面结合调整图层及羽化等功能，调整整体图像的高光及对比度效果，完成制作。

（26）选择组"小照片"，选择钢笔工具 ，在工具选项条上选择路径按钮 及添加到路径区域按钮 ，在画布中绘制如图 7.83 所示的路径。

图 7.82 拖入图像　　　　　　　　　　图 7.83 绘制路径

（27）单击创建新的填充或调整图层按钮 ，在弹出的菜单中选择"曲线"命令，得到图层"曲线 3"，设置弹出的面板如图 7.84 所示，得到如图 7.85 所示的效果。

（28）在"曲线 3"矢量蒙版被激活的状态下，选择"窗口" | "蒙版"命令，以显示"蒙版"面板，在面板中设置"羽化"数值为 20px，如图 7.86 所示。隐藏路径后的效果如图 7.87 所示。

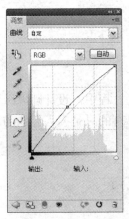

图 7.84　　"曲线"面板

图 7.85　应用"曲线"后的效果

图 7.86　　"蒙版"面板

图 7.87　设置"羽化"后的效果

（29）单击创建新的填充或调整图层按钮 ，在弹出的菜单中选择"亮度/对比度"命令，得到图层"亮度/对比度 2"，设置弹出的面板如图 7.88 所示，得到如图 7.89 所示的最终效果。"图层"面板如图 7.90 所示。

图 7.88　　"亮度/对比度"面板

图 7.89　最终效果

图 7.90　　"图层"面板

7.4　浪漫柔情新娘写真设计

例前导读：

本例是以浪漫柔情为主题的写真设计作品。在制作的过程中，设计师以绿色作为设计的主要元素，说明在爱的纯净世界里，没有哭泣和悲伤，有的只是爱人温软的肩膀和充满绿色的精灵。

核心技能：

- 结合路径及渐变填充图层的功能制作图像的渐变效果。
- 使用形状工具绘制形状。
- 利用图层蒙版功能隐藏不需要的图像。
- 通过设置图层属性以混合图像。
- 应用"亮度/对比度"调整图层调整图像的亮度及对比度。
- 结合路径及用画笔描边路径的功能，为所绘制的路径进行描边。
- 结合画笔工具 及特殊画笔素材绘制图像。

	效果文件　光盘\第 7 章\7.4.psd。

操作步骤：

（1）打开随书所附光盘中的文件"第 7 章\7.4-素材 1.psd"，如图 7.91 所示。将其作为本例的背景图像。

	提示　　　下面结合路径、渐变填充、形状工具及图层蒙版等功能，制作背景中的条纹图像。

（2）选择矩形工具 ▢，在工具选项条上选择路径按钮 ▨，在画布的右侧绘制如图 7.92 所示的路径。单击创建新的填充或调整图层按钮 ⬤，在弹出的菜单中选择"渐变"命令，设置弹出的对话框如图 7.93 所示，单击"确定"按钮退出对话框，隐藏路径后的效果如图 7.94 所示，同时得到图层"渐变填充 1"。

图 7.91　素材图像

图 7.92　绘制路径

图 7.93 "渐变填充"对话框

图 7.94 应用"渐变填充"后的效果

提示
　　在"渐变填充"对话框中，渐变类型的各色标颜色值从左至右分别为 000000 和 449785。

　　（3）设置前景色的颜色值为白色，选择矩形工具 ▢，在工具选项条上选择形状图层按钮 ▢，在画布中间绘制如图 7.95 所示的形状，得到"形状 1"。设置此图层的不透明度为 30%，以降低图像的透明度。

　　（4）单击添加图层蒙版按钮 ▣ 为"形状 1"添加蒙版，设置前景色为黑色，选择画笔工具，在其工具选项条中设置适当的画笔大小及不透明度，在图层蒙版中进行涂抹，以便将下方的图像渐隐起来，直至得到如图 7.96 所示的效果为止。

图 7.95 绘制形状

图 7.96 添加图层蒙版后的效果

　　（5）按照第（3）步的操作方法，结合形状工具及图层属性的功能，制作画布左侧的两条条纹图像，如图 7.97 所示。"图层"面板如图 7.98 所示。

图 7.97 制作另外两条条纹图像

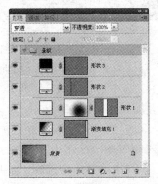

图 7.98 "图层"面板

提示
　　1. 本步中为了方便图层的管理，在此将制作条纹的图层选中，按 **Ctrl+G** 组合键执行"图层编组"操作得到"组 1"，并将其重命名为"条纹"。在下面的操作中，笔者也对各部分进行了编组的操作，在步骤中不再叙述。
　　2. 本步中分别设置了"形状 2"和"形状 3"的不透明度为 30%和 20%。下面制作背景中的人物图像。

　　（6）收拢组"条纹"，打开随书所附光盘中的文件"第 7 章\7.4-素材 2.psd"，使用移动工具将其拖至第（5）步制作的文件中，得到"图层 1"。按 Ctrl+T 组合键调出自由变换控制框，按 Shift 键向内拖动控制句柄以缩小图像并移动位置，按 Enter 键确认操作。得到的效果如图 7.99 所示。

　　（7）单击添加图层蒙版按钮 为"图层 1"添加蒙版，设置前景色为黑色，选择渐变工具，在其工具选项条中选择线性渐变工具，在画布中单击鼠标右键，在弹出的渐变显示框中选择渐变类型为"前景色到透明渐变"，在蒙版中从人物图像的左侧向右、底部至上方绘制渐变，得到的效果如图 7.100 所示。

图 7.99　调整图像

图 7.100　添加图层蒙版后的效果

　　（8）设置"图层 1"的不透明度为 60%，以降低图像的透明度。按照第（6）步至本步的操作方法，利用随书所附光盘中的文件"第 7 章\7.4-素材 3.psd"，结合变换、图层蒙版及图层属性等功能，制作左下方的人物图像，如图 7.101 所示。

提示
　　本步中设置了"图层 2"的不透明度为 70%。

　　（9）选中"图层 1"和"图层 2"，按 Ctrl+G 组合键执行"图层编组"的操作，并将得到的组重命名为"背景人物"，按照第（4）步的操作方法为当前的组添加蒙版，应用画笔工具 在蒙版中进行涂抹，以便将左下角的图像隐藏起来，得到的效果如图 7.102 所示。"图层"面板如图 7.103 所示。

　　（10）设置组"人物"的混合模式为"正常"，使该组中所有的调整图层及混合模式，只针对该组内的图像起作用。选择并收拢组"背景人物"，单击创建新的填充或调整图层按钮 ，在弹出的菜单中选择"亮度/对比度"命令，得到图层"亮度/对比度 1"，设置弹出的面板如图 7.104 所示，得到如图 7.105 所示的效果。

图 7.101　制作左下方的人物图像

图 7.102　添加图层蒙版后的效果

图 7.103　"图层"面板　　图 7.104　"亮度/对比度"面板　　图 7.105　应用"亮度/对比度"后的效果

提示
　　至此，背景中的人物图像已制作完成。下面制作相框和小照片图像。

　　（11）收拢组"人物"，利用随书所附光盘中的文件"第 7 章\7.4-素材 4.psd"，结合移动工具 及变换功能，制作右下方的相框图像，如图 7.106 所示。同时得到"图层 3"。

　　（12）单击添加图层样式按钮 ，在弹出的菜单中选择"颜色叠加"命令，设置弹出的对话框如图 7.107 所示，得到的效果如图 7.108 所示。

图 7.106　制作相框图像

图 7.107　"颜色叠加"对话框

提示
在"颜色叠加"对话框中，颜色块的颜色值为 99CB80。

（13）选择组"人物"，根据前面所讲解的操作方法，利用随书所附光盘中的文件"第 7 章\7.4-素材 5.psd"，结合变换及图层蒙版等功能，制作相框内的人物图像，如图 7.109 所示。同时得到"图层 4"。

图 7.108　添加图层样式后的效果

图 7.109　制作人物图像

（14）单击创建新的填充或调整图层按钮　，在弹出的菜单中选择"亮度/对比度"命令，得到图层"亮度/对比度 2"。按 Ctrl+Alt+G 组合键执行"创建剪贴蒙版"操作，设置弹出的面板如图 7.110 所示，得到如图 7.111 所示的效果。"图层"面板如图 7.112 所示。

图 7.110　"亮度/对比度"面板

图 7.111　应用"亮度/对比度"
后的效果

图 7.112　"图层"面板

提示
至此，小照片和相框图像已制作完成。下面制作装饰图像。

（15）收拢组"小照片和相框"，打开随书所附光盘中的文件"第 7 章\7.4-素材 6.psd"，使用移动工具 将其拖至第（14）步制作的文件中，并置于画布的下方，得到的效果如图 7.113 所示。同时得到"图层 5"。

（16）选择钢笔工具 ，在工具选项条上选择路径按钮 ，在相框的右下角绘制如图 7.114 所示的路径，新建"图层 6"，设置前景色为 13463E，选择画笔工具 ，并在其工具选项条中设置画笔为"尖角 2 像素"，不透明度为 100%。切换至"路径"面板，单击用画笔描边路径命令按钮 ，隐藏路径后的效果如图 7.115 所示。

图 7.113　摆放图像

图 7.114　绘制路径

（17）切换回"图层"面板，复制"图层 6"得到"图层 6 副本"，利用自由变换控制框调整图像的大小及位置，得到的效果如图 7.116 所示。

图 7.115　描边后的效果

图 7.116　复制及调整图像

（18）复制"图层 6 副本"得到"图层 6 副本 2"，使用移动工具 将其拖至相框的右下方，单击锁定透明像素按钮 ，设置前景色为 D6E993，按 Alt+Del 组合键以前景色填充当前图层以改变图像的颜色，得到的效果如图 7.117 所示。

提示
　　下面结合画笔工具 及画笔素材制作画面中的星光图像。

（19）新建"图层 7"，设置前景色为 13463E，打开随书所附光盘中的文件"第 7 章\7.4-素材 7.psd"。选择画笔工具 ，在画布中单击鼠标右键，在弹出的画笔显示框中选择刚刚打开的画笔，在画布中进行涂抹，得到的效果如图 7.118 所示。设置当前图层的混合模式为"滤色"，以混合图像，得到的效果如图 7.119 所示。

图 7.117　复制及更改颜色后的效果　　　　　　　图 7.118　涂抹后的效果

（20）按照第（19）步的操作方法，结合画笔工具 ✐、画笔素材及图层属性等功能，制作画布下方及右上方的大星光图像，如图 7.120 所示。同时得到"图层 8"。"图层"面板如图 7.121 所示。

图 7.119　设置混合模式后的效果　　　　　　　图 7.120　制作大星光图像

提示
　　本步中使用的画笔素材为随书所附光盘中的文件"第 7 章\7.4-素材 8.abr"，图像的颜色值为 2C6765，设置了"图层 8"的混合模式为"滤色"。下面制作文字图像，并利用"亮度/对比度"调整图层整体图像的亮度及对比度。

（21）收拢组"装饰"，打开随书所附光盘中的文件"第 7 章\7.4-素材 9.psd"，按 Shift 键使用移动工具 ⊹ 将其拖至第（20）步制作的文件中，得到的效果如图 7.122 所示。同时得到组"文字"。放大后的效果如图 7.123 所示。

提示
　　本步笔者是以组的形式给的素材，由于其操作非常简单，在叙述上略显烦琐，读者可以参考最终效果源文件进行参数设置，展开组即可观看到操作的过程。另外，组"文字"中所应用到的画笔素材可参见随书所附光盘中的文件"第 7 章\7.4-素材 10"文件夹中的相关文件。

图 7.121 "图层"面板

图 7.122 拖入图像

（22）单击创建新的填充或调整图层按钮 ，在弹出的菜单中选择"亮度/对比度"命令，得到图层"亮度/对比度 3"，设置弹出的面板如图 7.124 所示，得到如图 7.125 所示的最终效果。"图层"面板如图 7.126 所示。

图 7.123 放大后的效果

图 7.124 "亮度/对比度"面板

图 7.125 最终效果

图 7.126 "图层"面板

7.5　练　习　题

　　1. 打开随书所附光盘中的文件"第 7 章\7.5-1-素材 1.psd"到"第 7 章\7.5-1-素材 7.psd"，如图 7.127 所示。结合画笔绘图、剪贴蒙版及调整图层等功能，制作如图 7.128 所示的个人写真作品。

图 7.127　素材图像

图 7.128　最终效果

　　2. 打开随书所附光盘中的文件"第 7 章\7.5-2-素材.psd"，如图 7.129 所示。使用本章 7.2 节中的人物，通过适当的构图及合成处理，设计一款婚纱写真作品。

　　3. 打开随书所附光盘中的文件"第 7 章\7.5-3-素材.psd"，如图 7.130 所示。使用本章 7.3 节和 7.4 节中的人物，通过适当的构图及合成处理，设计一款个人写真作品。

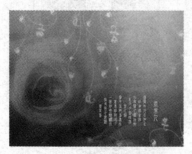

图 7.129　婚纱写真模板

图 7.130　个人写真模板

第8章　宣传页设计

8.1　宣传页设计概述

除媒体广告外，宣传页是又一种能够在不同场合展现企业信息、产品信息或销售信息的宣传品。在具体的表现形式上，较为常见的形式包括了单页（可分为单页单面、单页双面两种形式）、对折（两折）、三折、多折，以及手册等。如图 8.1 到图 8.4 所示是一些较为优秀的宣传页设计作品。

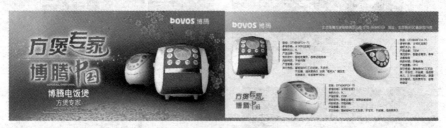

图 8.1　单页双面的宣传单页

图 8.2　对折及三折的宣传页

图 8.3 多折的宣传页

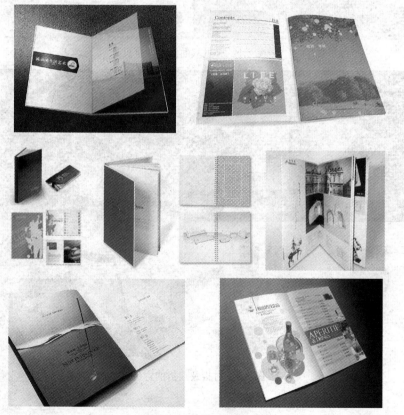

图 8.4 宣传手册

8.1.1 宣传页的特色

1. 内容详尽

宣传页能够通过有效地组织图片、图表、文字等设计元素，尽可能地将企业的特点、理念和业务类型等重要信息传达给阅读者，使阅读者通过阅读宣传页或对企业产生信赖感，或对产品产生购买倾向。

2. 形式多样

宣传页的形式多样。例如，在折页类型方面有双折、三折、四折，在开本方面宣传页更是非常灵活，几乎可以以任何一种开本进行印刷制作，它还能够进行不规则的异形模切，极大地丰富了宣传表现手段。

3. 易于保存

宣传页具有易于保存的特性，因为大多数宣传页制作精美，纸质坚硬、不易折叠，这在客观上为其保存提供了前提保证，因此宣传页的宣传有效期比报纸、杂志等宣传手段更长。

8.1.2 宣传页的颜色要素

颜色在宣传页设计中占有很重要的地位。设计宣传页时，颜色的选择要根据以下几个因素决定。

● 宣传页的内容：如果内容比较深沉，自然不可以使用过于跳跃的颜色。

● 宣传页的读者：不同年龄的人，对于颜色有不同的喜好。如果是产品宣传页，产品的消费群体定位将影响宣传页的用色倾向。

● 企业的标准色：有些企业有完善的 VI（Visual Identity，视觉识别）系统，其中定义了宣传页的主色，因此在制作时要首先考虑使用企业标准色。

当前，大部分宣传页都会在封面做覆膜工艺。对于大面积使用白色的封面而言，这道工艺显得尤其重要，因为没有透明膜保护的白色封面很容易被弄脏。

宣传页的封面颜色通常比较重要，因此可以考虑使用专色或金色、银色。当然，在印刷成本预算充足的情况下才可以这样考虑。

如图 8.5 所示的宣传页，在颜色运用方面比较有特色。

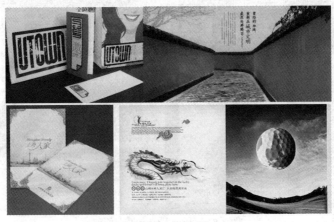

图 8.5 宣传页

8.1.3　宣传页的图形及文字要素

　　在宣传页设计中，图形及文字的设计也是非常重要的元素，它与前面讲解过的在封面中的用途十分相似，故在本节中不再详细讲解。如图 8.6 所示是分别采用了不同类型图片的宣传页作品，如图 8.7 所示是使用不同文字元素的宣传页作品。

图 8.6　用不同图形的宣传页

图 8.7　使用不同文字的宣传页

8.1.4　宣传页的设计流程

一个正确的工作流程，能够帮助设计人员更准确、有效地进行宣传页设计，下面是宣传页设计的一般流程。

（1）与委托方沟通有关宣传页的大致内容、定位等详情。

（2）搜集创作素材，准备有关的文字、绘画、摄影和图形资料。

（3）设计师开始构思，并初步制作小样稿。

（4）由制作人员制作小样稿，送委托方进行审阅。

（5）根据委托方提出的各项意见修改样稿，再次送审并定稿。

（6）选择印刷形式与加工工艺。

（7）制作出片文件、出片、打样。

（8）交印刷厂正式开机印刷。

8.2　手机广告宣传页设计

例前导读：

本例是以手机为主题的广告宣传页设计作品。在制作的过程中，设计师以蓝色调作为背景中的主色调，突出此款手机的个性——酷。另外，手机背后的宇宙场景，说明此款手机的功能强大及覆盖面积广的特性。

核心技能：

- 结合路径及渐变填充图层功能制作图像的渐变效果。
- 通过设置图层属性以混合图像。
- 利用图层蒙版功能隐藏不需要的图像。
- 应用"高斯模糊"命令制作图像的模糊效果。
- 应用"外发光"命令，制作图像的发光效果。
- 结合画笔工具 及特殊画笔素材绘制图像。
- 结合路径及用画笔描边路径的功能，为所绘制的路径进行描边。

效果文件
　　光盘\第 8 章\8.2-1.psd 和 8.2-2.psd。

操作步骤：

（1）按 Ctrl+N 组合键新建一个文件，设置弹出的对话框，如图 8.8 所示。单击"确定"按钮退出对话框，以创建一个新的空白文件。

提示
　　下面结合渐变填充、画笔工具 及图层属性功能，制作背景图像。

（2）单击创建新的填充或调整图层按钮 ，在弹出的菜单中选择"渐变"命令，设置弹出的对话框如图 8.9 所示，得到如图 8.10 所示的效果，同时得到图层"渐变填充 1"。

图 8.8　"新建"对话框图

图 8.9　"渐变填充"对话框

提示
　　在"渐变填充"对话框中，渐变类型的各色标颜色值从左至右分别为 307EB0 、89B9DB 和 307EB0。

（3）新建"图层 1"，设置前景色为黑色，选择画笔工具 ，并在其工具选项条中设置适当的画笔大小及不透明度，在画布的上、下方进行涂抹，得到的效果如图 8.11 所示。设置当前图层的混合模式为"亮光"，以混合图像，得到的效果如图 8.12 所示。

图 8.10　应用"渐变填充"后的效果　　图 8.11　涂抹后的效果　　图 8.12　设置混合模式后的效果

（4）复制"图层 1"得到"图层 1 副本"，更改此图层的混合模式为"正常"，并设置不透明度为 60%，以加深图像，得到的效果如图 8.13 所示。"图层"面板如图 8.14 所示。

提示

　　至此，背景中的基本元素已制作完成。下面制作背景中的星球效果。

　　（5）打开随书所附光盘中的文件"第 8 章\8.2-素材 1.psd"，使用移动工具 将其拖至第（4）步制作的文件中，并置于画布的右上方，如图 8.15 所示。同时得到"图层 2"。设置此图层的混合模式为"强光"，以混合图像，得到的效果如图 8.16 所示。

图 8.13　复制图层及更改图层属性后的效果　　图 8.14　"图层"面板　　图 8.15　调整图像

　　（6）单击添加图层蒙版按钮 为"图层 2"添加蒙版，设置前景色为黑色，选择画笔工具 ，在其工具选项条中设置适当的画笔大小及不透明度，在图层蒙版中进行涂抹，以便将左侧及下方的图像隐藏起来，直至得到如图 8.17 所示的效果。

提示

　　下面结合路径、渐变填充及模糊功能，制作画面中的月光效果。

　　（7）选择椭圆工具 ，在工具选项条上选择路径按钮 ，按 Shift 键在画布中绘制如

图 8.18 所示的路径，按 **Ctrl+Alt+T** 组合键调出自由变换并复制控制框，按 **Shift** 键向内拖动控制句柄以缩小路径并移动位置，按 **Enter** 键确认操作。然后在工具选项条中选择从路径区域减去按钮 ，得到的效果如图 8.19 所示。

  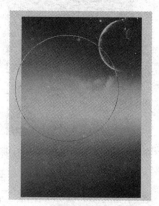

图 8.16　设置混合模式后的效果　　图 8.17　添加图层蒙版后的效果　　　　图 8.18　绘制路径

（8）选择"图层 1 副本"作为当前的工作层，单击创建新的填充或调整图层按钮 ，在弹出的菜单中选择"渐变"命令，设置弹出的对话框，如图 8.20 所示，单击"确定"按钮退出对话框。隐藏路径后的效果如图 8.21 所示，同时得到图层"渐变填充 2"。

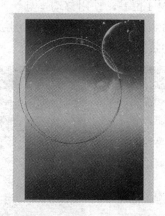 

图 8.19　运算后的路径状态　　　　　　图 8.20　"渐变填充"对话框

提示

　　在"渐变填充"对话框中，渐变类型为"从 90C9D6 到透明"。

（9）设置"渐变填充 2"的混合模式为"叠加"，以混合图像，得到的效果如图 8.22 所示。选择"滤镜"|"模糊"|"高斯模糊"命令，在弹出的提示框中直接单击"确定"按钮退出提示框，然后在弹出的对话框中设置"半径"数值为 12，得到如图 8.23 所示的效果。

图 8.21　应用"渐变填充"后的效果　　图 8.22　设置混合模式后的效果　　　　图 8.23　模糊后的效果

提示

　　下面结合画笔工具 ✐、画笔素材及图层属性的功能，制作月光周围的明暗点及泡泡图像。

　　（10）新建"图层 3"，设置前景色为 BBAAA5，背景色为白色，打开随书所附光盘中的文件"第 8 章\8.2-素材 2.abr"，选择画笔工具 ✐，在画布中单击鼠标右键，在弹出的画笔显示框中选择刚刚打开的画笔，在画笔工具 ✐选项条中设置此画笔的大小为 15px，然后在月光的上方进行涂抹，得到的效果如图 8.24 所示。

　　（11）设置"图层 3"的混合模式为"明度"，以混合图像，得到的效果如图 8.25 所示。保持前景色与背景色的色值不变，新建"图层 4"，将第（10）步使用的画笔大小调整为 10px，继续在月光的上方进行涂抹，并设置"图层 4"的混合模式为"明度"，得到的效果如图 8.26 所示。

图 8.24　涂抹后的效果　　　　　图 8.25　设置混合模式后的效果　　　　图 8.26　继续涂抹后的效果

　　（12）按照第（10）～（11）步的操作方法，结合画笔工具 ✐及随书所附光盘中的"第 8 章\8.2-素材 3"文件夹中的画笔，制作画面中的泡泡及白色散点图像，如图 8.27 所示。"图层"面板如图 8.28 所示。

提示

　　1. 本步中为了方便图层的管理,在此将制作背景眩光的图层选中,按 **Ctrl+G** 组合键执行"图层编组"操作得到"组 1",并将其重命名为"背景眩光"。在下面的操作中,笔者也对各部分图层进行了编组的操作,在步骤中不再叙述。

　　2. 本步中所应用到的画笔及画笔大小,读者可直接参见图层名称上的文字信息。下面制作云河图像。

　　（13）选择钢笔工具 ，在工具选项条上选择路径按钮 ，以及添加到路径区域按钮 ，在画布的下方绘制如图 8.29 所示的路径。

　　图 8.27　制作散点及泡泡图像　　　图 8.28　"图层"面板　　　图 8.29　绘制路径

　　（14）在"图层 2"上方新建"图层 5",设置前景色为白色,选择画笔工具 ,并在其工具选项条中设置画笔为"尖角 1 像素",不透明度为 100%。切换至"路径"面板,单击用画笔描边路径命令按钮 ,隐藏路径后的效果如图 8.30 所示。

　　（15）切换至"图层"面板,设置"图层 5"的混合模式为"叠加",以混合图像,得到的效果如图 8.31 所示。

　　　　图 8.30　描边后的效果　　　　　　　　图 8.31　设置混合模式后的效果

　　（16）单击添加图层蒙版按钮 为"图层 5"添加蒙版，设置前景色为黑色，选择画笔工具 ，在其工具选项条中设置适当的画笔大小及不透明度，在图层蒙版中进行涂抹，以便将两端的图像隐藏起来，直至得到如图 8.32 所示的效果为止。

　　（17）单击添加图层样式按钮 **fx**，在弹出的菜单中选择"外发光"命令，设置弹出的对话框，如图 8.33 所示，得到的效果如图 8.34 所示。

图 8.32　添加图层蒙版后的效果

图 8.33　　"外发光"对话框

> **提示**
> 　　在"外发光"对话框中，颜色块的颜色值为 **F5F4B9**。下面利用调整图层的功能调整图像的亮度及色调属性。

　　（18）单击创建新的填充或调整图层按钮 ，在弹出的菜单中选择"曲线"命令，得到图层"曲线 1"，设置弹出的面板如图 8.35 到图 8.38 所示，得到如图 8.39 所示的效果。

图 8.34　添加图层样式后的效果

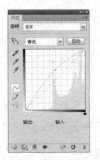

图 8.35　"青色"选项

图 8.36　"洋红"选项

图 8.37　"黄色"选项

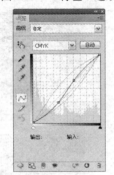

图 8.38　"CMYK"选项

图 8.39　应用"曲线"后的效果

（19）单击创建新的填充或调整图层按钮 ，在弹出的菜单中选择"照片滤镜"命令，得到图层"照片滤镜 1"，设置弹出的面板如图 8.40 所示，得到如图 8.41 所示的效果。"图层"面板如图 8.42 所示。

图 8.40　"照片滤镜"面板　　　图 8.41　调整色调后的效果　　　图 8.42　"图层"面板

提示
　　　至此，背景中的眩光效果已制作完成。下面制作主题手机图像。

（20）收拢组"背景眩光"，打开随书所附光盘中的文件"第 8 章\8.2-素材 4.psd"，使用移动工具 将其拖至刚制作文件中，得到"图层 6"。按 Ctrl+T 组合键调出自由变换控制框，按 Shift 键向内拖动控制句柄以缩小图像并移动位置，按 Enter 键确认操作，得到的效果如图 8.43 所示。

（21）按 Alt 键将"图层 6"拖至其下方得到"图层 6 副本"，结合变换及图层属性的功能，制作手机的倒影效果，如图 8.44 所示。

提示
　　　本步中设置了"图层 6 副本"的不透明度为 20%。

（22）单击添加图层蒙版按钮 为"图层 6 副本"添加蒙版，设置前景色为黑色，选择渐变工具，在其工具选项条中选择线性渐变工具，在画布中单击鼠标右键，在弹出的渐变显示框中选择渐变类型为"前景色到透明渐变"，在蒙版中从画布的底部至上方绘制渐变，得到的效果如图 8.45 所示。

图 8.43　调整图像　　　图 8.44　制作倒影效果　　　图 8.45　添加图层蒙版后的效果

提示

下面结合素材图像及图层蒙版的功能，制作屏幕中的花纹图像。

（23）选择"图层6"作为当前的工作层，利用随书所附光盘中的文件"第8章\8.2-素材 5.psd"，使用移动工具 及变换功能，制作手机屏幕上的花纹图像，如图 8.46 所示。同时得到"图层 7"。选择矩形选框工具，在手机屏幕中绘制选区，如图 8.47 所示。单击添加图层蒙版按钮，为当前图层添加蒙版，得到的效果如图 8.48 所示。

图 8.46 调整图像 　　　　图 8.47 绘制选区 　　　　图 8.48 添加图层蒙版后的效果

提示

下面结合形状工具、模糊及图层样式等功能，制作围绕手机旋转的线条图像。

（24）设置前景色的颜色值为白色，选择钢笔工具，在工具选项条上选择路径按钮，在手机图像上绘制如图 8.49 所示的形状，得到"形状 1"。结合模糊命令及"外发光"图层样式，制作模糊的发光线条效果，如图 8.50 所示。

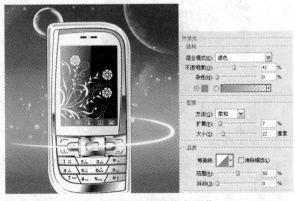

图 8.49 绘制形状 　　　　图 8.50 制作发光的线条图像

提示

本步中设置了"高斯模糊"对话框中的"半径"为 0.8；在"外发光"对话框中，颜色块的颜色值为 57B2E4。

（25）新建"图层 8"，设置前景色为白色，选择画笔工具 ，分别设置画笔大小为 20px 和 40px，在线条图像上单击，得到的效果如图 8.51 所示。"图层"面板如图 8.52 所示。

图 8.51 涂抹后的效果

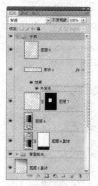

图 8.52 "图层"面板

提示

至此，主体手机图像已制作完成。下面制作手机右上方的眩光图像。

（26）收拢组"手机"，展开组"背景眩光"，选择"图层 5"作为当前的工作层。根据前面所讲解的操作方法，结合路径、渐变填充、图层属性、模糊、图层样式及画笔工具 ，等，制作手机右上方的眩光效果，效果如图 8.53 所示。"图层"面板如图 8.54 所示。

图 8.53 制作眩光效果

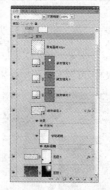

图 8.54 "图层"面板

提示

本步中设置了"渐变填充 5"的不透明度为 15%；为了方便读者查看"高斯模糊"对话框中的数值，笔者将图层"渐变填充 6"转换成了智能对象图层；关于"半径"数值、"渐变填充"及"外发光"对话框中的参数设置请参考最终效果源文件。下面制作文字图像，并完成制作。

（27）收拢组"背景眩光"，选择组"手机"。打开随书所附光盘中的文件"第 8 章\8.2-素材 6.psd"，按 Shift 键使用移动工具 将其拖至上一步制作的文件中，得到的最终效果如图 8.55 所示。"图层"面板如图 8.56 所示。

如图 8.57 所示为本例广告宣传页的背面效果。

图 8.55 最终效果

图 8.56 "图层"面板

图 8.57 背面的效果

提示
本步笔者是以组的形式给的素材，由于其操作非常简单，在叙述上略显烦琐，读者可以参考最终效果源文件进行参数设置，展开组即可观看到操作的过程。

8.3 方煲专家广告

例前导读：

本例设计的是一款电饭煲产品的宣传单页，依据产品的外观，以及宣传页的"博腾中国"这一主题，设计师采用了较为典型的中式设计元素，如红色与黄色的搭配，中式古典花纹的运用等，配合画面的精细处理，给人以中国传统与现代气息的双重视觉效果，从而达到良好的宣传效果。

核心技能：

- 结合标尺及辅助线划分封面中的各个区域。
- 应用画笔工具 绘制图像。
- 利用图层蒙版功能隐藏不需要的图像。
- 应用"曲线"调整图层调整图像的亮度、对比度属性。
- 通过添加图层样式，制作图像的渐变、发光等效果。
- 结合路径及渐变填充图层的功能制作图像的渐变效果。
- 结合画笔工具 及特殊画笔素材绘制图像。

效果文件
光盘\第 8 章\8.3-1.PSD 和 8.3-2.psd。

操作步骤：

（1）按 Ctrl＋N 组合键新建一个文件，设置弹出的对话框如图 8.58 所示，单击"确定"

按钮退出对话框，从而新建一个文件。设置前景色的颜色值为 EB5A03，按 Alt＋Del 组合键用前景色填充"背景"图层。

提示
　　在本例的宣传页作品中，其尺寸是按照 A4 纸（210mm×297mm）的 1/3 尺寸进行设置的，所以其宽度尺寸=宣传页净宽度（210mm）+左右出血（各 3mm）=216；高度尺寸=宣传页净高度（99mm）+上下出血（各 3mm）=105mm。

　　（2）按 Ctrl＋R 组合键显示标尺，分别在距离画布四周 3mm 的位置添加出血辅助线，如图 8.59 所示。再次按 Ctrl＋R 组合键隐藏标尺。在下面的操作中，我们先来制作宣传页正面中的内容。

图 8.58　"新建"对话框

图 8.59　添加辅助线

图 8.60　用画笔涂抹后的效果

　　（3）新建一个图层，设置前景色的颜色值为 A04107，选择画笔工具 ✐ 并设置其大小为 250px，硬度为 0%，在背景中进行涂抹，得到如图 8.60 所示的效果。

　　（4）按照第（3）步的方法，新建多个图层并使用不同的颜色进行绘制，直至得到类似如图 8.61 所示的效果为止。在本例的最终效果文件中，笔者已经使用"颜色值+画笔大小+画笔不透明度"的方式为各个图层做了命名，以便于读者查看其参数，如图 8.62 所示。

图 8.61　绘制背景图像

图 8.62　"图层"面板

　　（5）在背景中增加一些花纹图像作为装饰。打开随书所附光盘中的文件"第 8 章\8.3-素材 1.psd"，使用移动工具 ↘ 将其拖至本例操作的文件中，得到"图层 1"，并将图像置于画布的底部位置，如图 8.63 所示。

（6）单击添加图层蒙版按钮  为"图层 1"添加图层蒙版，设置前景色为黑色，选择画笔工具 并设置适当的画笔大小及不透明度，在纹理图像的周围涂抹以将其隐藏，如图 8.64 所示，此时蒙版中的状态如图 8.65 所示。

图 8.63　摆放图像位置　　　　　　　　　　　图 8.64　用蒙版隐藏图像

（7）打开随书所附光盘中的文件"第 8 章\8.3-素材 2.psd"，使用移动工具 将其拖至本例操作的文件中，得到"图层 2"，并将图像置于画布的右侧位置，如图 8.66 所示。

图 8.65　蒙版中的状态　　　　　　　　　　　图 8.66　摆放图像的位置

（8）单击添加图层蒙版按钮  为"图层 2"添加图层蒙版，设置前景色为黑色，选择画笔工具 并设置适当的画笔大小及不透明度，在花朵图像的中间位置涂抹以将其隐藏，从而露出下面的背景图像，如图 8.67 所示，此时蒙版中的状态如图 8.68 所示。

图 8.67　用蒙版隐藏图像　　　　　　　　　　图 8.68　蒙版中的状态

（9）调整图像整体的色彩。单击创建新的填充或调整图层按钮 ，在弹出的菜单中选择"曲线"命令，得到图层"曲线 1"，在"调整"面板中设置其参数，如图 8.69、图 8.70 和图 8.71 所示。调整图像的颜色及亮度，得到如图 8.72 所示的效果，此时的"图层"面板如图 8.73 所示。

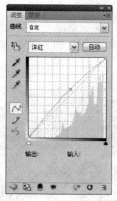
图 8.69　"调整"面板 1

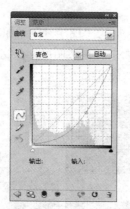
图 8.70　"调整"面板 2

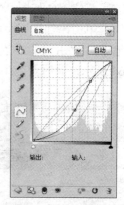
图 8.71　"调整"面板 3

图 8.72　调色后的效果

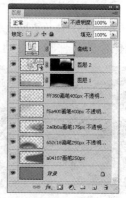
图 8.73　"图层"面板

（10）打开随书所附光盘中的文件"第 8 章\8.3-素材 3.psd"，使用移动工具 将其拖至本例操作的文件中，得到"图层 3"，并将图像置于画布右侧的位置，如图 8.74 所示。

（11）绘制电饭煲图像的阴影。在"图层 3"的下方新建一个图层为"图层 4"，设置前景色为黑色，选择画笔工具 并设置适当的画笔大小及不透明度，在电饭煲图像的底部进行涂抹，以绘制其阴影，得到如图 8.75 所示的效果。

（12）打开随书所附光盘中的文件"第 8 章\8.3-素材 4.psd"，使用移动工具 将其拖至本例操作的文件中，得到"图层 5"，并将图像置于右侧电饭煲的左后方位置，然后按照上一步的方法，创建新图层并为其绘制阴影，得到如图 8.76 所示的效果。

图 8.74　摆放图像

图 8.75　绘制阴影

图 8.76　制作另外一个图像

提示

至此，我们已经基本完成了背景及主体图像的处理，下面来处理宣传页左侧的主体文字内容。

（13）利用横排文字工具 **T**，并在其工具选项条上设置适当的字体、字号等参数，在画布左侧位置输入文字，如图 8.77 所示，同时得到一个对应的文字图层。

（14）单击添加图层样式按钮 **fx**，在弹出的菜单中选择"渐变叠加"命令，设置弹出的对话框如图 8.78 所示。然后再选择"外发光"选项，设置其对话框如图 8.79 所示，得到如图 8.80 所示的效果。

图 8.77　输入文字

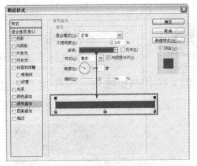

图 8.78　"渐变叠加"对话框

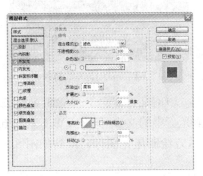

图 8.79　"外发光"对话框

图 8.80　添加样式后的效果

 提示

在"渐变叠加"对话框中，所使用的渐变从左至右各个色标的颜色值依次为 DB0511 、A71316 和 DB0511 。在"外发光"对话框中，颜色块的颜色值为 F9F7DB。

（15）在现有文字的右下方添加一个曲线装饰图形。切换至"路径"面板并新建一个路径为"路径 1"，选择钢笔工具，在其工具选项条上选择路径按钮及添加到路径区域按钮，在文字专家的下方绘制一条如图 8.81 所示的曲线路径。

（16）单击创建新的填充或调整图层按钮，在弹出的菜单中选择"渐变"命令，设置弹出的对话框如图 8.82 所示，得到如图 8.83 所示的效果，同时得到图层"渐变填充 1"。

图 8.81　绘制路径

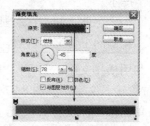

图 8.82　"渐变填充"对话框

提示

　　在"渐变填充"对话框中，所使用的渐变从左至右各个色标的颜色值依次为 EA5712、E00914 和 B90F18。

　　（17）按住 Alt 键将文字图层"方煲专家"中的"外发光"样式拖至"渐变填充 1"上，以复制该图层样式，得到如图 8.84 所示的效果。

图 8.83　填充渐变后的效果

图 8.84　添加样式后的效果

　　（18）在下面的操作中，我们可结合随书所附光盘中的文件"第 8 章\8.3-素材 5.psd"在左侧继续输入文字并添加样式。然后打开随书所附光盘中的文件"第 8 章\8.3-素材 6.abr"和"第 8 章\8.3-素材 7.abr"的画笔预设，在文字的后方绘制星光图像，得到如图 8.85 所示的效果。

　　（19）设置适当的文字属性。在画布中输入相关的说明文字，再结合随书所附光盘中的文件"第 8 章\8.3-素材 8.psd"中的标志图像，制作得到如图 8.86 所示的最终效果，此时的"图层"面板如图 8.87 和图 8.88 所示。如图 8.89 所示是使用与正面文件相同的文件尺寸制作得到的宣传页背面图像，由于操作方法比较简单，故不再详述。

图 8.85　制作其他文字及光点

图 8.86　最终效果

图 8.87　"图层"面板 1

图 8.88　"图层"面板 2

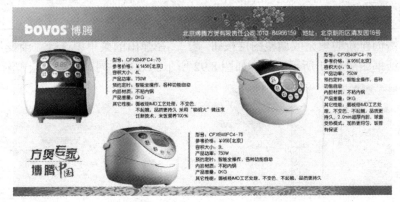

图 8.89　宣传页的背面效果

8.4　店内促销宣传单页设计

例前导读:

　　秋联商厦希望设计一款促销宣传单页,销售部分反季存货以回笼资金,考虑到时值岁末且属于让利销售,因此宣传单的整体感觉不仅要喜庆,而且要有贺岁的感觉,其中部分商品低至 2 折的消息是要重点突出的。

核心技能:

- 应用渐变填充图层的功能,制作图像的渐变效果。
- 应用形状工具,绘制各种形状。
- 通过设置图层属性来融合图像。
- 利用添加图层样式的功能制作图像的描边、投影等效果。
- 利用绘图工具绘制图像。
- 应用"色相/饱和度"命令调整图像的色相、饱和度。
- 利用剪贴蒙版限制图像的显示范围。
- 结合画笔工具 ✐ 及画笔素材制作特殊的图像效果。

效果文件

光盘\第 8 章\8.4-1.psd 和 8.4-2.psd。

操作步骤：

第一部分　　制作正面

（1）按 Ctrl+N 组合键新建一个文件，设置弹出的对话框如图 8.90 所示，单击"确定"按钮退出对话框，以创建一个新的空白文件。

提示

下面结合渐变填充图层、形状工具、图层样式及画笔工具 等功能，制作背景中的基本图像。

（2）单击创建新的填充或调整图层按钮 ，在弹出的菜单中选择"渐变"命令，设置弹出的对话框如图 8.91 所示，得到如图 8.92 所示的效果，同时得到图层"渐变填充 1"。

图 8.90　"新建"对话框

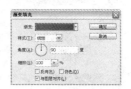

图 8.91　"渐变填充"对话框

提示

在"渐变填充"对话框中，渐变类型为"从 C20809 到 8C1010"。

（3）设置前景色为"黑色"，选择圆角矩形工具 ，在其工具选项条上选择形状图层按钮 ，并设置"半径"数值为 50，在画面中绘制如图 8.93 所示的形状，得到"形状 1"。接着，在工具选项条中选择从形状区域减去按钮 ，设置前景色的颜色值为 F70B0B，在文件下方绘制如图 8.94 所示的形状。

图 8.92　渐变效果

图 8.93　绘制形状

图 8.94　继续绘制形状

提示

在设置颜色值时，要尽量与文件底部图像的颜色值匹配。

（4）设置"形状 1"的不透明度为 0%。单击添加图层样式按钮 **fx**，在弹出的菜单中选择"描边"命令，在弹出的对话框中设置参数，如图 8.95 所示，得到如图 8.96 所示的描边效果。

（5）提高文件下方的亮度。新建"图层 1"，设置前景色的颜色值为 DD3838，选择画笔工具 ，并在其工具选项条中设置适当的画笔大小及不透明度，在画面中进行涂抹，直至得到类似如图 8.97 所示的效果为止。

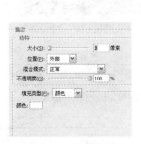

图 8.95　设置参数　　　　　　　图 8.96　描边后的效果　　　　　图 8.97　涂抹后的效果

 提示

下面利用素材图像，结合图层样式及调整图层等功能，制作正面中的卡通图像。

（6）打开随书所附光盘中的文件"第 8 章\8.4-素材 1.psd"，使用移动工具 将其拖至刚制作的文件中，并置于白色线框内的下方位置，如图 8.98 所示，同时得到"图层 2"。

（7）单击添加图层样式按钮 **fx**，在弹出的菜单中选择"投影"命令，设置弹出的对话框如图 8.99 所示，得到如图 8.100 所示的效果。

图 8.98　摆放图像　　　　　　　图 8.99　"投影"对话框　　　　　图 8.100　投影效果

（8）单击创建新的填充或调整图层按钮 ，在弹出的菜单中选择"色相/饱和度"命令，得到图层"色相/饱和度 1"，按 Ctrl+Alt+G 组合键执行"创建剪贴蒙版"操作，设置弹出的面板如图 8.101 所示，得到如图 8.102 所示的效果。

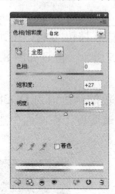

图 8.101　"色相/饱和度"面板

图 8.102　调色后的效果

提示

下面结合形状工具及图层属性等功能，制作正面的装饰图像。

（9）设置前景色的颜色值为 FE0100，结合形状工具及其运算功能，在卡通人物的上方绘制不同大小的形状，得到"形状 2"。设置此图层的不透明度为 75%，得到的效果如图 8.103 所示。

（10）打开随书所附光盘中的文件"第 8 章\8.4-素材 2.psd"，使用移动工具 将其拖至刚制作的文件中，得到"图层 3"。按 Ctrl+T 组合键调出自由变换控制框，按住 Shift 键向内拖动控制句柄以缩小图像并移动位置，按 Enter 键确认操作，得到的效果如图 8.104 所示。

（11）设置"图层 3"的混合模式为"强光"，使其与背景中的图像相融合，得到的效果如图 8.105 所示。复制"图层 3"得到"图层 3 副本"，结合自由变换控制框调整图像的大小、角度（-20°左右）及位置，得到的效果如图 8.106 所示。

图 8.103　绘制形状

图 8.104　调整后的图像

图 8.105　设置混合模式后的效果

提示

下面结合文字工具及图层样式等功能，制作宣传单正面中的相关说明文字。

（12）选择横排文字工具 **T**，设置前景色的颜色值为 **FEF50A**，并在其工具选项条上设置适当的字体和字号，在吊篮的下方输入如图 8.107 所示的文字，并得到相应的文字图层"'春季超值套装'"。

图 8.106 复制及调整图像

图 8.107 输入文字

（13）单击添加图层样式按钮 **fx.**，在弹出的菜单中选择"投影"命令，设置弹出的对话框如图 8.108 所示，得到如图 8.109 所示的效果。

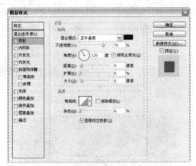

图 8.108 "投影"命令对话框

图 8.109 投影效果

（14）结合文字工具、图层样式及自定义形状工具 ，在正面中输入其他说明文字及绘制形状，完成宣传单正面的制作，效果如图 8.110 所示。"图层"面板如图 8.111 所示。

图 8.110 宣传单正面的效果

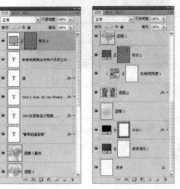

图 8.111 "图层"面板

提示

　　1．本步中与第（13）步所添加的图层样式一样，为了提高工作效率，可以应用复制图层样式的功能以达到同样的效果。其方法为按住 Alt 键将"'春季超值套装'"图层样式拖至"2007 反季商品大甩卖……"图层上以复制图层样式，以此类推。

　　2．在默认情况下，Photoshop 的形状并不包括刚刚使用的形状，可以单击形状选择框右上角的三角按钮 ，在弹出的菜单中选择"全部"命令，然后在弹出的提示框中单击"确定"按钮，从而将所有 Photoshop 自带的形状载入进来，此时就可以在其中找到刚刚使用的形状了。

第二部分　制作反面

提示

　　在第一部分中，已经对宣传单的正面做了完美的设计，下面来制作宣传单的反面。

（1）按照第一部分第（1）步的操作方法，新建一个同样大小的文件。设置前景色的颜色值为 A50000，按 Alt+Del 组合键填充"背景"图层。

（2）提高文件下方的亮度。新建"图层 1"，设置前景色的颜色值为 DD3838，选择画笔工具 ，并在其工具选项条中设置适当的画笔大小及不透明度，在画面中进行涂抹，直至得到类似如图 8.112 所示的效果为止。

（3）设置前景色的颜色值为 706756，选择钢笔工具 ，在工具选项条上选择形状图层按钮 ，在文件上方绘制如图 8.113 所示的形状，得到"形状 1"。

图 8.112　涂抹效果

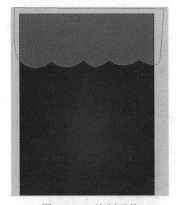
图 8.113　绘制形状

提示

　　下面结合画笔工具 及画笔素材，制作反面中的小草图像。

（4）选择画笔工具 ![画笔]，按 F5 键调出"画笔"面板，单击其右上方的 ![按钮] 按钮，在弹出的菜单中选择"载入画笔"命令，在弹出的对话框中选择随书所附光盘中的文件"第 8 章 \8.4-素材 3.abr"，单击"载入"按钮退出对话框。

（5）新建"图层 2"，设置前景色的颜色值为 348B4C，选择上一步载入的画笔，在红色图像的上方进行涂抹，直至得到类似如图 8.114 所示的效果为止。

提示

下面来制作反面中的花朵、文字及其他装饰图像。

（6）打开随书所附光盘中的文件"第 8 章\8.4-素材 4.psd"，使用移动工具 ![移动工具] 将其拖至刚制作的文件中，并将其置于小草图像的上面，如图 8.115 所示，同时得到"图层 3"。

图 8.114　涂抹效果　　　　　　　　　　　　图 8.115　摆放图像

（7）单击添加图层样式按钮 ![fx]，在弹出的菜单中选择"投影"命令，设置弹出的对话框如图 8.116 所示，得到如图 8.117 所示的效果。

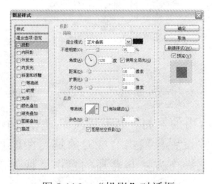

图 8.116　"投影"对话框　　　　　　　　　　图 8.117　投影效果

（8）设置前景色的颜色值为 FE0100，结合形状工具及其运算功能，在文件的下方绘制不同大小的形状，得到"形状 2"。设置此图层的不透明度为 75%，得到的效果如图 8.118 所示。

（9）按照本部分第（3）步的操作方法载入随书所附光盘中的文件"第 8 章\8.4-素材 5.abr"。新建"图层 4"，设置前景色为"白色"，选择刚载入的画笔，在文件的下方进行涂抹，直至得到类似如图 8.119 所示的效果为止。设置当前图层的混合模式为"叠加"，以融合图像，得到的效果如图 8.120 所示。

图 8.118　绘制形状　　　　　图 8.119　涂抹效果　　　　图 8.120　设置混合模式后的效果

（10）打开随书所附光盘中的文件"第 8 章\8.4-素材 6.psd"，结合文字工具、形状工具及图层样式等功能，制作宣传单反面中的文字及装饰图像，完成效果如图 8.121 所示。"图层"面板如图 8.122 所示。

图 8.121　宣传单反面的效果　　　　　　图 8.122　"图层"面板

提示

1．本步笔者是以智能对象的形式给出的素材，由于其操作非常简单，读者可以参考最终效果源文件进行参数设置，双击智能对象缩览图即可观看到操作的过程。智能对象的控制框操作方法与普通的自由变换控制框相同。另外，关于"图层样式"对话框中的参数设置请参考最终效果源文件。

2．绘制形状的方法大致都是一样的，只是在制作过程中，根据需要导致所选择的形状工具不一样。例如，本步绘制的直线，选择的就是直线工具。

8.5　练 习 题

1．分别指出红色、黑色、墨绿色及紫色这 4 种颜色，较为适合用于哪种风格的宣传页设计，并指出其中具有代表性的几类产品或对象。

2．打开随书所附光盘中的文件"第 8 章\8.5-1-素材 1.psd"，其中包括了如图 8.123 所示的素材图像，再打开随书所附光盘中的文件"第 8 章\8.5-1-素材 2.abr"，结合混合模式、图层蒙版、画笔绘图等功能，制作如图 8.124 所示的宣传单页。

图 8.123　素材图像

图 8.124　宣传单页效果

3. 打开随书所附光盘中的文件"第 8 章\8.5-2-素材 1.psd"和"第 8 章\8.5-2-素材 2. psd"，如图 8.125 所示，结合绘制图形、图层样式、混合模式、图层蒙版及滤镜等功能，制作如图 8.126 所示的宣传页封面。

图 8.125　素材图像

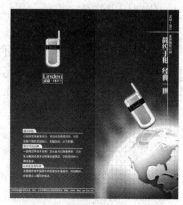

图 8.126　宣传页效果

第 9 章　效果图后期修饰与处理

9.1　室内外效果图后期调整

随着房地产业的发展，室内外效果图的绘制也成为一个蓬勃发展的新兴行业。虽然效果图都是使用三维软件制作渲染而成的，但效果图中的人物、配景及场景的整体或局部色彩常常需要在 Photoshop 中进行添加或调整。

如图 9.1 所示为在 3ds max 中渲染得到的初步效果图，如图 9.2 所示是在此基础上调整整体色彩并配景后的效果图，可以看出使用 Photoshop 处理后的场景与原效果图有很大的区别。

图 9.1　原图像　　　　　　　　　　图 9.2　在 Photoshop 中处理后的效果

9.2　简约客厅后期处理

例前导读：

本例主要讲解如何使用 Photoshop 软件对图像的亮度、对比度及饱和度进行调整，使效果更加生动、逼真。主要使用到的命令有"亮度/对比度"、"高斯模糊"及"USM 锐化"等。

核心技能：

● 通过设置图层属性以混合图像。
● 应用调整图层的功能，调整图像的亮度、色调等属性。
● 应用"合并图层"命令合并可见图层中的图像。
● 应用"高斯模糊"命令制作图像的模糊效果。
● 应用"USM 锐化"命令锐化图像的细节。

效果文件
　　光盘\第 9 章\9.2.tif。

操作步骤：

（1）在 Photoshop CS4 软件中打开随书所附光盘中的文件"第 9 章\9.2-素材.tif"。首先来提高渲染图的亮度。在"图层"面板中将"背景"图层拖动到面板下方的创建新图层按钮  上，这样就会复制出一个副本图层，将其混合模式改为"滤色"，并将不透明度设置为 15%，如图 9.3 所示。调整后的效果如图 9.4 所示。

图 9.3　"图层"面板　　　　　　　　图 9.4　复制及设置图层属性后的效果

（2）单击"图层"面板下方的创建新的填充或调整图层按钮 ，在弹出的菜单中选择"亮度/对比度"命令，设置弹出的面板如图 9.5 所示，得到如图 9.6 所示的效果。

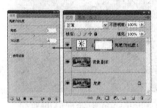

图 9.5　设置参数　　　　　　　　　图 9.6　应用"亮度/对比度"后的效果

（3）按 Shift+Ctrl+E 组合键合并可见图层，再按 Ctrl+J 组合键复制出一个副本图层，对复制出的图层进行高斯模糊处理，选择菜单中的"滤镜"|"模糊"|"高斯模糊"命令，参数设置如图 9.7 所示。

（4）将副本图层的混合模式设置为"柔光"，将不透明度设置为 40%，如图 9.8 所示。调整后的效果如图 9.9 所示。

图 9.7　"高斯模糊"对话框　　　　　　　　　　图 9.8　"图层"面板

图 9.9　调整后的效果

（5）按 Ctrl+E 组合键合并可见图层，最后对图像进行锐化处理，选择菜单栏中的"滤镜" | "锐化" | "USM 锐化"命令，设置如图 9.10 所示。效果如图 9.11 所示。

图 9.10　"USM 锐化"对话框　　　图 9.11　应用"USM 锐化"命令后的效果

（6）添加一个"照片滤镜"。单击"图层"面板下方的创建新的填充或调整图层按钮 ，在弹出的菜单中选择"照片滤镜"命令，如图 9.12 所示，参数设置如图 9.13 所示。

图 9.12　选择"照片滤镜"命令　　　　图 9.13　"照片滤镜"面板

（7）按 Shift+Ctrl+E 组合键合并可见图层，最终效果如图 9.14 所示。

图 9.14　最终效果

9.3 日景住宅小区

例前导读：

小区的后期制作在制作的过程中占的比例较大，渲染图需要在后期制作中进行调整。在后期制作中先要对画面的效果进行加强，然后是布置配景和树木，这些都是很耗费时间的工作，尤其是树木和园林等的调整，因为这直接关系到最后的效果，一定要做得很细致，不同类别和不同色彩的植物的搭配，光线和阴影的方向等，在制作过程中还要把握大的色调和画面的气氛。

核心技能：

● 利用变换功能调整图像的大小、角度及位置。
● 应用选区工具创建选区。
● 应用调整图层的功能，调整图像的色彩、亮度等属性。
● 应用减淡工具 🔍 提亮图像。
● 应用加深工具 ✋ 加深图像。
● 通过设置图层属性以混合图像。
● 利用图层蒙版功能隐藏不需要的图像。
● 利用添加图层样式的功能制作图像的立体、投影等效果。

效果文件
　　光盘\第 9 章\9.3-日景住宅小区 PS 效果文件.psd。

操作步骤：

第一部分初步布局画面

（1）打开随书所附光盘中的文件"第 9 章\9.3-日景住宅小区渲染效果文件.tga"，如图 9.15 所示。下面首先更换蓝天背景，将建筑右侧的蓝色图像抠选出来，选择魔棒工具 🔍，在工具选项条中设置相应的容差数值，在蓝色图像上单击，以得到选区，按 **Ctrl+J** 组合键将选区中的图像复制到新图层中，得到"图层 1"，并将其重命名为"建筑"，隐藏"背景"，此时图像效果如图 9.16 所示。

　　　　图 9.15　素材图像　　　　　　　　　　图 9.16　隐藏图层后的效果

（2）制作天空图像效果。打开随书所附光盘中的文件"第 9 章\9.3-天空.psd"，使用移动工具 ⊕ 将其拖至当前画布中，得到"天空"。按 **Ctrl+T** 组合键调出自由变换控制框，调整图像大小及位置，按 Enter 键确认操作，将其移至图层"建筑"的下方，得到的效果如图 9.17 所示。

（3）从图像效果中看到，远处的建筑图像位置过于空荡。下面选择图层"建筑"，选择多边形套索工具 ，在远处的一座建筑图像的各个角点上单击，直至得到如图 9.18 所示的选区为止。

图 9.17　调整图像

图 9.18　创建选区

（4）按 Ctrl+J 组合键将选区中的图像复制到新图层中，并将其重命名为"配景楼"，然后将其拖至图层"建筑"的下方。

（5）按 Ctrl+T 组合键调出自由变换控制框，按 Alt+Shift 组合键向内拖动控制句柄，等比例缩小图像，并将其向右移动位置，调整至灭点处，按 Enter 键确认变换操作，此时图像效果如图 9.19 所示，此时的"图层"面板状态如图 9.20 所示。

图 9.19　调整图像

图 9.20　"图层"面板

（6）添加远处建筑周围树的图像效果。打开随书所附光盘中的文件"第 9 章\9.3-远景树.psd"，使用移动工具 将其拖至建筑图像周围，得到图层"远景树"。结合变换功能调整图像大小及位置，按 Enter 键确认操作，得到的效果如图 9.21 所示。

（7）下面将远景树图像的饱和度降低。单击创建新的填充或调整图层按钮 ，在弹出的菜单中选择"色相/饱和度"命令，得到图层"色相/饱和度 1"，在弹出的面板中设置相关参数，如图 9.22 所示，得到的效果如图 9.23 所示。

图 9.21　调整图像

图 9.22　"色相/饱和度"面板

（8）选择图层"建筑"，提高整体图像的对比度。单击创建新的填充或调整图层按钮，在弹出的菜单中选择"亮度/对比度"命令，得到图层"亮度/对比度 1"，在弹出的面板中设置相关参数，如图 9.24 所示，得到如图 9.25 所示的效果，如图 9.26 所示为提高对比度前后的变化效果。

图 9.23　调色后的效果

图 9.24　"亮度/对比度"面板

图 9.25　应用"亮度/对比度"后的效果

图 9.26　对比效果

（9）利用通道图制作选区来调整图像。打开随书所附光盘中的文件"第 9 章\9.3-日景住宅小区通道图.tga"，如图 9.27 所示，并将其重命名为"通道图"。

提示

　　通道图文件在执行完操作后就隐藏了，需要时再将其显示，下面在操作时都会如此操作。

（10）制作窗玻璃图像的选区，选择"选择"|"色彩范围"命令，在弹出的对话框中选择吸管工具，在图像的窗玻璃（绿色图像）位置单击以吸取颜色，然后在此对话框中设置参数，如图 9.28 所示，单击"确定"按钮退出对话框，得到如图 9.29 所示的选区。

图 9.27　通道

图 9.28　"色彩范围"对话框

（11）隐藏"通道图"，选择图层"建筑"，按 Ctrl+J 组合键将选区中的图像复制到新图层中，得到新图层并将其重命名为"窗玻璃01"，然后将其移至"亮度/对比度 1"的上方，设置其"不透明度"为80%，此时图像效果如图9.30所示。

　　　　图9.29　选区状态　　　　　　　　　图9.30　复制及设置不透明度后的效果

 提示
　　　此时，观察图像可以发现，窗玻璃图像缺少光的照射效果，下面利用减淡工具 制作高光。

（12）选择减淡工具 ，在其工具选项条的"范围"下拉菜单中选择"高光"选项，然后设置适当的画笔大小及"曝光度"数值，如图9.31所示。在窗玻璃图像上进行涂抹以添加高光，直至得到如图 9.32 所示的效果为止。添加高光前后的局部对比效果如图 9.33 所示。

图9.31　工具选项条

　　　图9.32　涂抹后的效果　　　　　　　　　图9.33　对比效果

 提示
　　　在涂抹高光的过程中，需不断改变画笔的大小及曝光度数值，以制作真实的照射光效果，使效果看上去没那么呆板。

（13）提高窗玻璃的对比度。单击创建新的填充或调整图层按钮 ，在弹出的菜单中选择"亮度/对比度"命令，得到图层"亮度/对比度 2"。按 Ctrl+Alt+G 组合键执行"创建剪贴蒙版"操作，在弹出的面板中设置相关参数，如图9.34所示，得到如图9.35所示的效果，如图 9.36 所示为提高对比度前后的对比效果。

图 9.34　"亮度/对比度"面板　　　　　　图 9.35　应用"亮度/对比度"后的效果

图 9.36　对比效果

提示

此时，观察图像可以发现，远处窗玻璃图像（当前画布右侧）过于明亮，不符合视觉效果，下面来解决此问题。

（14）显示"通道图"，下面按照第（10）步的操作方法，制作窗玻璃的选区，选择矩形选框工具，按住 Alt 键在当前画布左上角至右下角进行拖动，在原选区的基础上减去选区，得到如图 9.37 所示的选区状态。

（15）隐藏"通道图"，选择图层"建筑"，按 Ctrl+J 组合键将选区中的图像复制到新图层中，得到新图层并将其重命名为"窗玻璃 02"，然后将其移至"亮度/对比度 2"的上方，设置其"不透明度"为 80%，此时的"图层"面板状态如图 9.38 所示。

图 9.37　选区状态　　　　　　　图 9.38　"图层"面板

（16）选择加深工具 ，其工具选项条的设置如图 9.39 所示，在窗玻璃图像上进行涂抹以加暗图像，直至得到如图 9.40 所示的效果为止。

画笔 72 · 范围：高光 曝光度：50% 保护色调

图 9.39　工具选项条

（17）制作草地图像效果。打开随书所附光盘中的文件"第 9 章\9.3-草地.psd"，使用移动工具 将其拖至当前画布中，得到"草地"。按 Ctrl+T 组合键调出自由变换控制框，调整图像大小及位置（当前画布下方），按 Enter 键确认操作，得到的效果如图 9.41 所示。

图 9.40　涂抹后的效果　　　　　　　　　　图 9.41　调整图像

（18）选择钢笔工具 ，在工具选项条上选择路径按钮 ，在人物草地图像上绘制出草坪路径，如图 9.42 所示。按 Ctrl+Enter 组合键将当前路径转换成为选区，单击添加图层蒙版按钮 为"草地"添加蒙版，以便将选区以外的草坪图像隐藏起来，直至得到如图 9.43 所示的效果为止。

图 9.42　绘制路径　　　　　　　　　　图 9.43　添加图层蒙版后的效果

提示

　　如果读者不想绘制本步的路径，可参考"路径"面板中的"路径 1"。在后面绘制路径的过程中，笔者不再做相关提示，可直接参考"路径"面板中的相关路径。

（19）此时发现远处的草坪图像有些生硬。设置前景色为黑色，选择画笔工具 ，在其工具选项条中设置适当的画笔大小及不透明度，在远处的草地边缘（靠近楼房）进行涂抹，以渐隐图像，直至得到如图 9.44 所示的效果为止，局部效果如图 9.45 所示，此时蒙版中的状态如图 9.46 所示。

图 9.44　编辑蒙版后的效果

图 9.45　局部效果

提示

　　至此，草坪图像已经制作完毕，但是缺少一些细节，在被楼房挡住的草坪位置，要添加一些暗调草坪。

　　（20）按照第（18）步的操作方法，使用钢笔工具 ，在阴影处的草坪图像上绘制路径，如图 9.47 所示。按 Ctrl+Enter 组合键将当前路径转换成为选区，选择"草地"图层缩览图，按 Ctrl+J 组合键将选区中的图像复制到新图层中，得到图层并重命名为"阴影草地"。

图 9.46　蒙版中的状态

图 9.47　绘制路径

　　（21）按照第（16）步的操作方法，使用加深工具 ，在阴影处的草坪图像上进行涂抹以加暗图像，直至得到如图 9.48 所示的效果为止，此时的"图层"面板状态如图 9.49 所示。

图 9.48　涂抹后的效果

图 9.49　"图层"面板

（22）下面按照第（17）～（21）步的操作方法来添加公路、公路阴影、人行道、阴影人行道及小径等图像，直至得到如图 9.50 所示的效果为止，此时的"图层"面板状态如图 9.51 所示。

图 9.50　制作公路等图像

图 9.51　　"图层"面板

提示

　　本步所应用到的素材图像为随书所附光盘中的文件"第 9 章\9.3-公路.psd"、"第 9 章\9.3-人行道.psd"、"第 9 章\9.3-小径.psd"和"第 9 章\9.3-路沿.psd"。下面来制作路沿的立体效果，使其看上去更加真实。

（23）单击添加图层样式按钮 **fx.**，在弹出的菜单中选择"斜面和浮雕"命令，设置弹出的对话框如图 9.52 所示。然后在"图层样式"对话框中继续选择"投影"选项，设置其对话框如图 9.53 所示，得到如图 9.54 所示的效果。如图 9.55 所示为最终整体效果。

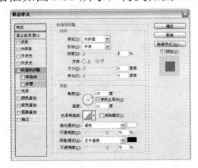

图 9.52　"斜面和浮雕"对话框

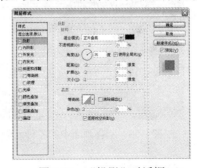

图 9.53　"投影"对话框

图 9.54　添加图层样式后的效果

图 9.55　整体效果

提示
　　　在"斜面和浮雕"对话框中，等高线的状态为系统自带的"圆形台阶"。至此，小区的一角布局已经制作完毕，画面的基调基本上就定了下来。下面我们将给画面添加一些必要的配景，使画面的细节更加丰富、层次更加明确，同时配景的增加也会弥补场景在建模和渲染时的一些不足，起到填补漏洞的目的。

　　（24）下面按照第（17）～（21）步的操作方法，来添加树、草坪、花草及人等图像，直至得到如图 9.56 所示的效果为止，此时的"图层"面板状态如图 9.57 所示。

提示
　　　本步用到的素材图像为随书所附光盘中的文件"第 9 章\9.3-树及花草.psd"、"第 9 章\9.3-近景树.psd"、"第 9 章\9.3-中景图像.psd"、"第 9 章\9.3-花草及近景.psd"和"第 9 章\9.3-人.psd"。

图 9.56　制作画面中的各种元素

图 9.57　"图层"面板

提示
　　　上面我们为画面添加了大量的配景，小区的基本元素已经成形，但很多地方还不够理想，画面看起来层次感不够强。下面我们将对整体的气氛进行调整，来解决这些问题。

第二部分　画面整体调整

　　（1）新建一个图层，将其命名为"照射光"，然后使用画笔工具 ，将前景色设置为纯白色，选择合适的笔触，在画面的天空位置绘制几条照射线，然后结合"径向模糊"滤镜，制作照射光模糊效果，如图 9.58 所示。

（2）新建一个图层，将其命名为"近暗"，然后使用画笔工具 ✎，结合 Shift 键，在画面的下方涂抹出渐隐暗调，设置其"不透明度"为 75%，得到效果如图 9.59 所示，此时的"图层"面板状态如图 9.60 所示。

图 9.58　制作照射光效果

图 9.59　制作暗光效果

（3）新建图层，将其命名为"雾效"，然后使用画笔工具 ✎，将前景色设置为纯白色，选择合适的笔触，在画面的远景处进行绘制，设置其混合模式为"叠加"，得到效果如图 9.61 所示。此时的"图层"面板状态如图 9.62 所示。

图 9.60　"图层"面板 1

图 9.61　制作雾效

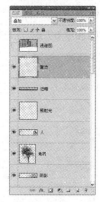
图 9.62　"图层"面板 2

（4）分别新建两个图层，将其分别命名为"整体调整 1"和"整体调整 2"，将前景色分别设置为 3E3836 和 FFE3AC，分别添加色调，然后设置图层属性，以调整整体的色调为暖色调，得到如图 9.63 所示的效果，此时的"图层"面板状态如图 9.64 所示。

图 9.63　调整图像

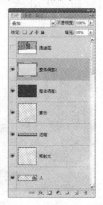
图 9.64　"图层"面板

（5）根据整体图像来稍稍提高一下整体画面的对比度，然后按 **Ctrl+Alt+Shift+E** 组合键执行"盖印"操作，从而将当前所有可见的图像合并至一个新图层中，将其重命名为"合并层"，并将其复制一个图层得到"合并层副本"，再执行"高斯模糊"命令，设置"半径"数值为 7，得到如图 9.65 所示的效果。

（6）设置"合并层副本"的混合模式为"叠加"，"不透明度"为 40%，以便与下面的合并层中的图像进行融合，得到如图 9.66 所示的效果，此时的"图层"面板状态如图 9.67 所示。

图 9.65　模糊后的效果　　　　　　　　　　图 9.66　设置图层属性后的效果

（7）选择"滤镜"|"锐化"|"USM 锐化"命令，设置弹出的对话框如图 9.68 所示，得到如图 9.69 所示的效果。

图 9.67　"图层"面板　　　图 9.68　"USM 锐化"对话框　　　图 9.69　应用"USM 锐化"命令后的效果

（8）应用"亮度/对比度"命令，来提高整体图像的对比度，按 **Ctrl+S** 组合键对其进行保存，得到如图 9.70 所示的最终效果，此时的"图层"面板状态如图 9.71 所示。

图 9.70　最终效果　　　　　　　　　　图 9.71　"图层"面板

9.4 练 习 题

1. 从报纸、杂志及网络等媒体，找到一些房地产广告，并仔细观察其中的楼盘效果图，尝试讨论并指出其优、缺点。

2. 如图 9.72 所示是一个室外夜景效果图修饰前后的对比，尝试分析一下在处理过程中使用到的主要技术。

图 9.72 处理前后的夜景室外效果图对比

3. 打开随书所附光盘中的文件"第 9 章\9.4-素材.psd"，如图 9.73 所示，参考本章 9.2 节讲解的室内效果图修饰实例，将其修饰为如图 9.74 所示的效果。

图 9.73 素材图像　　　　　　图 9.74 处理后的室内效果图

第 10 章　LOGO 设计

10.1　LOGO 设计概述

企业标志是表现其形象的第一要素，也称为 **LOGO**。它是指那些造型美观、意义明确且统一、标准的视觉符号，它不仅是发动所有视觉设计要素的主导力量，也是整个视觉要素的中心，更是大众心目中的企业、品牌的象征。

10.1.1　LOGO 设计原则

LOGO 设计是一种图形艺术设计，它与其他图形艺术表现手段既有相同之处，又有其独特的艺术规律。简单地说，**LOGO** 的设计对简练、概括、完美的要求十分苛刻，因此其设计难度比其他任何图形艺术设计都大。

另外，以下设计原则应该贯穿整个设计，这样才能够得到比较好的作品。

- 设计要符合欣赏群体直观接受能力、审美意识、社会心理和禁忌。
- 构思力求深刻、巧妙、新颖、独特，表意准确，能经受住时间的考验。
- 构图要凝练、美观且有艺术性、时代感。
- 色彩要单纯、强烈、醒目。

10.1.2　LOGO 设计形式

就设计形式而言，**LOGO** 设计可以分为图形标志、文字标志和复合标志三种。

1. 图形标志

- 图形标志是以富于想象或相联系的事物来象征 **LOGO** 的主体，此类标志从造型的角度来看，可以分为具象型、抽象型、具象抽象结合型三种。
- 具象型标志：此类标志是在具体图像（多为实物图形）的基础上，经过各种修饰，如简化、概括、夸张等设计而成的，其优点在于可直观地表达具象特征，一目了然。
- 抽象型标志：此类标志是由点、线、面、体等造型要素设计而成的标志，它突破了具象的束缚，在造型效果上有较大的发挥余地，但在理解上易于产生不确定性。
- 具象抽象结合型标志：此类标志最为常见，由于它结合了具象型和抽象型两种标志设计的长处，从而使其表达效果尤为突出。

如图 10.1 所示是一些图形标志的典型作品。

图 10.1　图形标志

2. 文字标志

文字标志是以含有象征意义的文字造型作为基点，对其进行变形或抽象的改造，使之图案化。通常许多企业使用企业的拼音首字母作为企业名称的缩写，也有使用企业名称的英文缩写的。例如，麦当劳黄色的"M"标志。如图 10.2 所示是一些具有代表性的文字型LOGO 作品。

图 10.2　文字标志

3. 复合标志

复合标志是指在一个 LOGO 中，既有文字又有图形，如图 10.3 所示。

图 10.3　复合标志

10.2　房产 LOGO 设计

例前导读：

本例是以房产为主题的 LOGO 设计作品。在制作的过程中，首先根据制作好的标志的基本形状进行编辑，将其打造成水墨画风格，然后再通过素材图像的叠加为图像上色，最后再以醒目的文字呼应主题。

核心技能：

- 使用形状工具绘制形状。
- 应用滤镜功能制作图像的波纹、模糊等效果。
- 通过设置图层属性以混合图像。
- 利用图层蒙版功能隐藏不需要的图像。
- 应用调整图层的功能，调整图像的色彩、亮度等属性。
- 结合路径及渐变填充图层的功能制作图像的渐变效果。

效果文件

光盘\第 10 章\10.2.psd。

操作步骤：

（1）按 Ctrl+N 组合键新建一个文件，设置弹出的对话框如图 10.4 所示，单击"确定"按钮退出对话框，以创建一个新的空白文件。

提示

　　下面结合形状工具及滤镜功能制作 LOGO 的轮廓。

　　（2）选择自定形状工具 ，设置前景色为 1A1B1D。打开随书所附光盘中的文件"第 10 章\10.2-素材 1.csh"，在画布中单击鼠标右键，在弹出的形状显示框中选择刚刚打开的画笔，在画面中绘制如图 10.5 所示的形状，得到"形状 1"。

　　图 10.4　"新建"对话框　　　　　　　　　　　　图 10.5　绘制形状

　　（3）选择"滤镜"|"扭曲"|"波纹"命令，在弹出的提示框中直接单击"确定"按钮退出提示框，然后再设置弹出的对话框，如图 10.6 所示，得到如图 10.7 所示的效果。

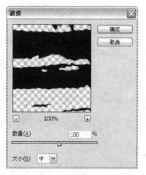

　　图 10.6　"波纹"对话框　　　　　　　　　　图 10.7　应用"波纹"后的效果

　　（4）选择"滤镜"|"模糊"|"高斯模糊"命令，在弹出的对话框中设置"半径"数值为 0.5，得到如图 10.8 所示的效果。

提示

　　下面利用素材图像，结合图层属性及图层蒙版等功能，制作 LOGO 中的图像效果。

　　（5）打开随书所附光盘中的文件"第 10 章\10.2-素材 2.psd"，使用移动工具 将其拖一步制作的文件中，并将其置于黑色图像的上面，同时得到"图层 1"。

　　（6）按 Ctrl+Alt+G 组合键执行"创建剪贴蒙版"操作，按 Ctrl+T 组合键调出自由变换控制框，按 Shift 键向内拖动控制句柄以缩小图像并移动位置，按 Enter 键确认操作，得到的效果如图 10.9 所示。设置"图层 1"的混合模式为"点光"，以混合图像，得到的效果如图 10.10 所示。

图 10.8　模糊后的效果　　　　　　　　　　　图 10.9　调整图像

（7）单击添加图层蒙版按钮  为 "图层 1" 添加蒙版，设置前景色为黑色，选择画笔工具 ，在其工具选项条中设置适当的画笔大小及不透明度，在图层蒙版中进行涂抹，以将下方的图像隐藏起来，直至得到如图 10.11 所示的效果为止。

图 10.10　设置混合模式后的效果　　　　　　图 10.11　添加图层蒙版后的效果

（8）复制 "图层 1" 得到 "图层 1 副本"，按 Shift 键单击副本图层蒙版缩览图以停用图层蒙版，使用移动工具 调整图像的位置，得到的效果如图 10.12 所示。

（9）再次单击 "图层 1 副本" 图层蒙版缩览图以启用图层蒙版。按 D 键将前景色和背景色恢复为默认的黑、白色，按 Ctrl+Del 组合键以背景色填充蒙版。选择画笔工具 ，在其工具选项条中设置适当的画笔大小及不透明度，在图层蒙版中进行涂抹，以便将右上方大部分图像隐藏起来，得到的效果如图 10.13 所示。

图 10.12　复制及调整位置　　　　　　　　图 10.13　添加图层蒙版后的效果

（10）按照第（8）～（9）步的操作方法，结合复制图层及编辑蒙版等功能，制作右下侧的图像效果，如图 10.14 所示。同时得到 "图层 1 副本 2"。

提示

下面结合调整图层及编辑蒙版等功能，调整图像的色彩。

（11）单击创建新的填充或调整图层按钮　，在弹出的菜单中选择"色彩平衡"命令，得到图层"色彩平衡 1"。按 Ctrl+Alt+G 组合键执行"创建剪贴蒙版"操作，设置弹出的面板如图 10.15、图 10.16 和图 10.17 所示，得到如图 10.18 所示的效果。

图 10.14　制作右下侧的图像

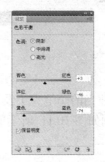

图 10.15　"阴影"选项

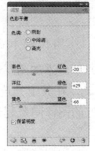

图 10.16　"中间调"选项

图 10.17　"高光"选项

图 10.18　调色后的效果

（12）激活"色彩平衡 1"图层蒙版缩览图，设置前景色为黑色，选择画笔工具　，在其工具选项条中设置适当的画笔大小及不透明度，在图层蒙版中进行涂抹，以便将黑色区域中的色彩隐藏起来，得到的效果如图 10.19 所示。

（13）单击创建新的填充或调整图层按钮　，在弹出的菜单中选择"曲线"命令，得到图层"曲线 1"。按 Ctrl+Alt+G 组合键执行"创建剪贴蒙版"操作，设置弹出的面板如图 10.20 所示，得到如图 10.21 所示的效果。

图 10.19　编辑蒙版后的效果

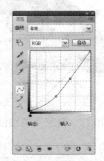

图 10.20　"曲线"面板

（14）按照第（12）步的操作方法，应用画笔工具 ✐ 在"曲线 1"图层蒙版中进行涂抹，以便将黑色区域中的亮度隐藏起来，得到的效果如图 10.22 所示。"图层"面板如图 10.23 所示。

图 10.21 应用"曲线"后的效果　　　　　　图 10.22 编辑蒙版后的效果

提示
　　本步中为了方便图层的管理，在此将制作 LOGO 图的图层选中，按 Ctrl+G 组合键执行"图层编组"操作得到"组 1"，并将其重命名为"图"。下面制作文字图像，并完成制作。

（15）收拢组"图"，打开随书所附光盘中的文件"第 10 章\10.2-素材 3.psd"，按 Shift 键使用移动工具 ✛ 将其拖至上一步制作的文件中，得到的效果如图 10.24 所示。同时得到组"文字"。

提示
　　本步笔者是以组的形式给的素材，由于其操作非常简单，但在叙述上略显烦琐，所以读者可以参考最终效果源文件进行参数设置，展开组即可观看到操作的过程。

（16）选择圆角矩形工具 ▢，在其工具选项条上选择路径按钮 ▨，并设置"半径"数值为 50px，在文字"水山"下方绘制如图 10.25 所示的路径。

  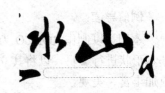

图 10.23 "图层"面板　　　　　　图 10.24 拖入图像　　　　　　图 10.25 绘制路径

（17）单击创建新的填充或调整图层按钮 ，在弹出的菜单中选择"渐变"命令，设置弹出的对话框如图 10.26 所示，单击"确定"按钮退出对话框。隐藏路径后的效果如图 10.27 所示，同时得到图层"渐变填充 1"。

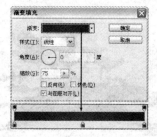

图 10.26 "渐变填充"对话框

图 10.27 应用"渐变填充"后的效果

> **提示**
>
> 在"渐变填充"对话框中，渐变类型的各色标颜色值从左至右分别为 702C2D、D32727 和 702C2D。

（18）选择横排文字工具 T，设置前景色的颜色值为白色，并在其工具选项条上设置适当的字体和字号，在上一步得到的渐变图像上输入文字，如图 10.28 所示。同时得到相应的文字图层。

（19）本例操作完成，最终整体效果如图 10.29 所示。"图层"面板如图 10.30 所示。

图 10.28 输入文字

图 10.29 最终效果

图 10.30 "图层"面板

10.3 ROBCO

例前导读：

本例是以制作 ROBCO 为主题的 LOGO 设计作品。在制作的过程中，主要是对标志的基本形状进行编辑，以将其立体化。然后制作立体化标志的明暗关系，从而使标志看起来更加丰富、美观。

核心技能：

● 应用绘制工具绘制图像。

● 应用渐变工具绘制渐变。

- 应用"变换选区"命令变换选区。
- 应用橡皮擦工具 擦除不需要的图像。

效果文件
光盘\第 10 章\10.3.psd。

操作步骤：

（1）按 Ctrl+N 组合键新建一个文件，设置弹出的对话框如图 10.31 所示。设置前景色的颜色值为 E9E9E9，按 Alt+Del 组合键填充"背景"图层。

（2）新建一个图层为"图层 1"。设置前景色为黑色，选择矩形工具 ，在其工具选项条上单击填充像素按钮 ，绘制一个如图 10.32 所示的黑色矩形。

（3）新建一个图层为"图层 2"，使用椭圆选框工具 按住 Shift 键绘制一个比黑色矩形略小一些的正圆形选区，并将其置于黑色矩形的中心，如图 10.33 所示。

（4）设置前景色为白色，设置背景色的颜色值为 2E0146。选择径向渐变工具 ，设置渐变类型为从前景色至背景色，从选区的右上角至左下角绘制渐变，再按 Ctrl+D 组合键取消选区，得到如图 10.34 所示的效果。

（5）新建一个图层为"图层 3"，按照第（3）~（4）步中的方法，制作一个更大的渐变球体，使用移动工具 将其置于如图 10.35 所示的位置。

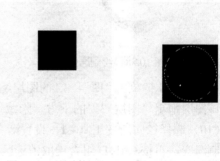

图 10.31　"新建"对话框　　　　　　图 10.32　绘制矩形　　　图 10.33　绘制选区

图 10.34　绘制渐变　　　　　　　　　图 10.35　制作渐变球体

（6）按 Ctrl 键单击"图层 3"的图层缩览图调出其选区，选择"选择"|"变换选区"命令以调出自由变换控制框，按住 Shift 键将选区缩放为原来的 80%左右。

（7）按 Enter 键确认变换操作，并将该选区置于如图 10.36 所示的位置。按 Del 键删除选区中的图像，得到如图 10.37 所示的效果。

　　　　　图 10.36　摆放选区位置　　　　　　　　　　　　图 10.37　删除图像

（8）使用多边形套索工具 ，绘制一个如图 10.38 所示的选区，按 Del 键删除选区中的图像，再按 Ctrl+D 组合键取消选区，得到如图 10.39 所示的效果。

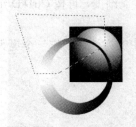

　　　　　图 10.38　绘制选区　　　　　　　　　　　　　图 10.39　删除图像

（9）按 Ctrl 键单击"图层 3"的图层缩览图以调出其选区，新建一个图层为"图层 4"，并将该图层拖至"图层 3"的下方。隐藏"图层 3"。

（10）选择径向渐变工具 ，设置渐变类型为从白色至黑色，从选区的右下角至左下角绘制渐变，再按 Ctrl+D 组合键取消选区，得到如图 10.40 所示的效果。

（11）显示"图层 3"，使用移动工具 按住 Shift 键将"图层 4"中的图像向右侧拖动，并置于如图 10.41 所示的位置。

（12）选择橡皮擦工具 ，并在其工具选项条上设置适当的画笔大小，将"图层 4"中右半部分的图像擦除，直至得到如图 10.42 所示的效果为止。

　　　图 10.40　绘制渐变　　　　　　图 10.41　移动图像位置　　　　　　图 10.42　擦除图像

（13）将"图层 3"和"图层 4"链接起来，按 **Ctrl+E** 组合键执行"合并链接图层"操作，将合并后的图层命名为"图层 4"。

（14）使用矩形选框工具 绘制一个如图 10.43 所示的矩形选区，选择"选择"|"变换选区"命令调出自由变换控制框，按住 **Shift** 键将选区顺时针旋转 75 度，并将其置于如图 10.44 所示的位置。

（15）按 **Enter** 键确认变换操作，再按 **Del** 键删除选区中的图像，然后按 **Ctrl+D** 组合键取消选区，得到如图 10.45 所示的效果。

（16）按照第（14）～（15）步的方法，制作得到如图 10.46 所示的效果。

图 10.43　绘制选区

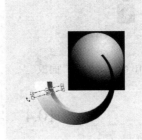

图 10.44　摆放选区位置

图 10.45　删除图像

图 10.46　删除图像后的效果

（17）复制"图层 4"得到"图层 4 副本"，选择"编辑"|"变换"|"旋转 90 度（顺时针）"命令，将变换后的图像置于如图 10.47 所示的位置。按照同样的方法，制作出如图 10.48 所示的效果，此时的"图层"面板如图 10.49 所示。

图 10.47　变换选区

图 10.48　变换并摆放图像位置

（18）使用横排文字工具 T ，并在其工具选项条上设置适当的文字颜色、字体和字号，在文件的底部输入相关的文字，从而得到如图 10.50 所示的最终效果。

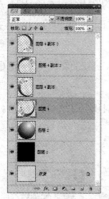

图 10.49　"图层"面板

图 10.50　最终效果

10.4　字体 LOGO 设计

例前导读：

本例是以 LOGO 字体为主题的文字设计作品。在制作的过程中，主要以处理文字的立体效果为核心内容。另外，分别将喇叭的图像置于文字"星"的上方及音乐符中，表现了该标志的号召力，加上对文字的处理，使整个标志具有较强的艺术感。

核心技能：

- 使用形状工具绘制形状。
- 利用剪贴蒙版限制图像的显示范围。
- 应用画笔工具 ✔ 绘制图像。
- 利用图层蒙版功能隐藏不需要的图像。
- 通过添加图层样式，制作图像的渐变、描边等效果。
- 应用"盖印"命令合并可见图层中的图像。

效果文件

光盘\第 10 章\10.4.psd。

操作步骤：

（1）按 Ctrl+N 组合键新建一个文件，设置弹出的对话框如图 10.51 所示，单击"确定"按钮退出对话框，以创建一个新的空白文件。设置前景色为 BA7E95，按 Alt+Del 组合键以前景色填充"背景"图层。

提示

下面结合形状工具、剪贴蒙版及画笔工具 ✔ 制作立体文字图像。

（2）设置前景色的颜色值为 F1F1F1。选择钢笔工具 ，在工具选项条上选择形状图层按钮 ，在画布的左侧绘制如图 10.52 所示的形状，得到"形状 1"。

图 10.51　"新建"对话框

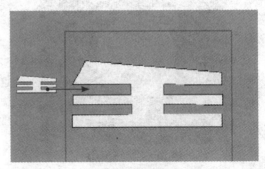

图 10.52　绘制形状

（3）新建"图层 1"，按 Ctrl+Alt+G 组合键执行"创建剪贴蒙版"操作，设置前景色为 BCBCBC。选择画笔工具 ，并在其工具选项条中设置画笔大小为"柔角 8 像素"，不透明度为 100%，然后在"王"的右侧及下方进行涂抹，得到的效果如图 10.53 所示。

（4）新建"图层 2"，按 Ctrl+Alt+G 组合键执行"创建剪贴蒙版"操作，更改前景色为 DEDDDD，然后应用上一步设置好的画笔在"王"的左侧进行涂抹，得到的效果如图 10.54 所示。

图 10.53　涂抹后的效果

图 10.54　继续涂抹

提示
　　下面结合形状工具及运算等功能制作"王"上方的"曰"形状。

（5）设置前景色的颜色值为白色，选择椭圆工具 ，在工具选项条上选择形状图层按钮 ，按 Shift 键在"王"的上方绘制如图 10.55 所示的形状，得到"形状 2"。

（6）按 Ctrl+Alt+T 组合键调出自由变换并复制控制框，按 Alt+Shift 组合键向内拖动右上角的控制句柄，等比缩小图像，按 Enter 键确认操作。然后在椭圆工具 选项条中选择重叠形状区域除外按钮 ，此时图像状态如图 10.56 所示。

（7）在内部路径被选中的状态下，按照上一步的操作方法，应用自由变换并复制控制框等比缩小图像，得到的效果如图 10.57 所示。

图 10.55　绘制形状

图 10.56　运算后的效果

（8）单击添加图层蒙版按钮 为 "形状 2" 添加蒙版。设置前景色为黑色，选择画笔工具 ，在其工具选项条中设置适当的画笔大小及不透明度，在图层蒙版中进行涂抹，以将下方的部分图像隐藏起来，直至得到如图 10.58 所示的效果为止。"图层"面板如图 10.59 所示。

图 10.57　运算后的效果

图 10.58　添加图层蒙版后的效果

提示

　　本步中为了方便图层的管理，在此将制作文字"星"的图层选中，按 **Ctrl+G** 组合键执行 "图层编组" 操作得到 "组 1"，并将其重命名为 "星"。在下面的操作中，笔者也对各部分进行了编组的操作，在步骤中不再叙述。下面制作其他文字图像。

（9）收拢组 "星"，根据前面所讲解的操作方法，结合形状工具、剪贴蒙版及画笔工具 的功能，制作另外 3 个文字图像，如图 10.60 所示。"图层"面板如图 10.61 所示。

提示

　　本步中关于图像的颜色值、画笔大小及不透明度的设置，在相应的图层名称上都有对应的文字信息。下面利用图层样式的功能，制作 "钱" 中的一撇的渐变及描边效果。

图 10.59　"图层"面板 1

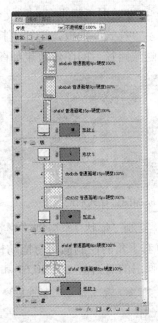

图 10.60　制作其他文字　　　　　　　　　　　　　图 10.61　"图层"面板 2

（10）收拢组"尘"和"柜"，选择"形状 5"作为当前的工作层，单击添加图层样式按钮 **fx**，在弹出的菜单中选择"渐变叠加"命令，设置弹出的对话框如图 10.62 所示。然后在"图层样式"对话框中继续选择"描边"选项，设置其对话框如图 10.63 所示。得到如图 10.64 所示的效果。

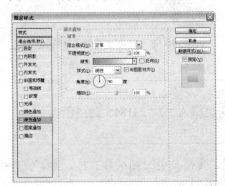

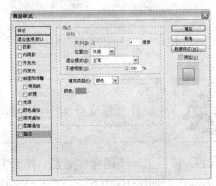

图 10.62　"渐变叠加"对话框　　　　　　　　　　图 10.63　"描边"对话框

提示

　　在"渐变叠加"对话框中，渐变类型为"从 928F8F 到白色"；在"描边"对话框中，颜色块的颜色值为 BA7E95。下面制作"星"上方的"喇叭"图像。

（11）收拢组"钱"，选择组"柜"作为当前的操作对象，设置前景色的颜色值为 040000，按照第（5）步的操作方法应用椭圆工具 ⬭ 按 Shift 键在"王"的上方绘制如图 10.65 所示的形状，得到"形状 7"。

（12）打开随书所附光盘中的文件"第 10 章\10.4-素材.asl"，选择"窗口"丨"样式"命令，以显示"样式"面板，选择刚打开的样式（通常在面板中最后一个）为"形状 7"应用样式，隐藏路径后的图像效果如图 10.66 所示。

图 10.64　添加图层样式后的效果

图 10.65　绘制形状

图 10.66　应用图层样式后的效果

（13）复制"形状 7"得到"形状 7 副本"，按 Ctrl+T 组合键调出自由变换控制框，按 Shift 键将右下角的控制框向内拖动稍许，按 Enter 键确认操作。双击任意一个图层效果名称，设置弹出的对话框如图 10.67 和图 10.68 所示，得到如图 10.69 所示的效果。

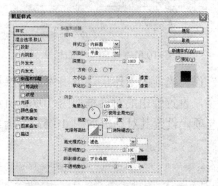
图 10.67　"斜面和浮雕"对话框

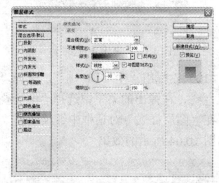
图 10.68　"渐变叠加"对话框

提示
　　在"渐变叠加"对话框中，渐变类型为"从 231815 到白色"。

（14）按照上一步的操作方法，结合复制图层、变换及更改图层样式的功能，完善喇叭图像的制作，如图 10.70 所示。"图层"面板如图 10.71 所示。

提示
　　至此，喇叭图像已制作完成。下面制作文字右侧的音乐符图像。

（15）收拢组"喇叭"，根据前面所讲解的操作方法，结合形状工具、剪贴蒙版、画笔工具 ✐ 及图层蒙版的功能，制作文字右侧的音乐符图像，如图 10.72 所示。"图层"面板如图 10.73 所示。

图 10.69 添加图层样式后的效果

图 10.70 完善喇叭图像

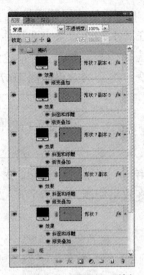

图 10.71 "图层"面板

图 10.73 "图层"面板

图 10.72 制作音乐符图像

（16）选择组"喇叭"，按 Ctrl+Alt+E 组合键执行"盖印"操作，从而将选中图层中的图像合并至一个新图层中，并将其重命名为"图层 3"，将此图层拖至所有图层的上方，并使用移动工具 ▶ 调整图像的位置，得到的效果如图 10.74 所示。

（17）选中"形状 8"到"图层 3"图层，按照上一步的操作方法执行"盖印"操作，并将得到的图层重命名为"图层 4"，利用自由变换控制框进行垂直翻转并向下移动位置，得到的效果如图 10.75 所示。

图 10.74 盖印及调整位置

图 10.75 盖印及调整图像

（18）单击添加图层蒙版按钮 为"图层 4"添加蒙版，设置前景色为黑色，选择渐变工具，在其工具选项条中选择线性渐变工具，在画布中单击鼠标右键，在弹出的渐变显示框中选择渐变类型为"前景色到透明渐变"，在蒙版中从当前图层中的图像的中心至上方绘制渐变，得到的效果如图 10.76 所示。

提示
　　至此，音乐符图像已制作完成。下面制作其他小文字图像。

（19）结合文字图层、盖印、变换及图层蒙版的功能，制作主题文字下方的小文字图像，得到的最终效果如图 10.77 所示。"图层"面板如图 10.78 所示。

图 10.76　添加图层蒙版后的效果

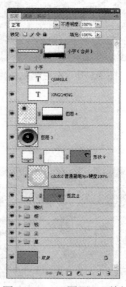

图 10.78　"图层"面板

图 10.77　最终效果

10.5　五彩云南标志设计

例前导读：

作为以"五彩云南"为主题的标志设计作品，我们利用简约的线条勾勒出孔雀的形状，作为标志的基本造型。

孔雀的尾巴采用了带有螺旋图像的锥形作为基本体，然后分别调整出不同的色彩并组合在一起，从而使标志看起来更加丰富、美观。

核心技能：

● 使用形状工具绘制形状。
● 通过添加图层样式，制作图像的渐变、描边等效果。
● 利用再次变换并复制的操作制作规则的图像。
● 应用"色相/饱和度"调整图层调整图像的色相及饱和度。
● 应用直接选择工具调整锚点。

效果文件
光盘\第 10 章\10.5.psd。

操作步骤：

（1）按 Ctrl+N 组合键新建一个文件，设置其对话框如图 10.79 所示。设置前景色色值为 B43E88。选择钢笔工具 ，并在其工具选项条上单击形状图层命令按钮 ，绘制出如图 10.80 所示的形状。

图 10.79 "新建"对话框

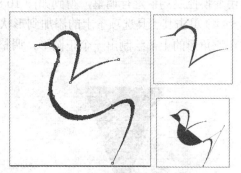

图 10.80 绘制"孔雀头部"

（2）选择椭圆工具 ，单击其工具选项条上的添加到形状区域命令按钮 ，按住 Shift 键在"孔雀"的头部上方绘制出一个正圆形，如图 10.81 所示。选择直线工具 ，在圆的位置绘制一条直线，如图 10.82 所示。按同样的方法绘制出如图 10.83 所示的效果。如图 10.84 所示为整体效果。

图 10.81 绘制圆形

图 10.82 绘制直线

图 10.83 绘制图像

图 10.84 整体效果

提示

　　这一步暂时先隐藏"形状 1"图层，以方便后面的操作。下面制作单个"羽毛"。

　　（3）选择多边形工具 ⬠，并在其工具选项条上单击形状图层命令按钮 ⬚，设置"边"的参数为 3，绘制出一个三角形，按 Ctrl+T 组合键调出自由变换控制框，按住 Ctrl 键拖动自由变换控制句柄进行调整，得到如图 10.85 所示的形状。

　　（4）单击其工具选项条上的添加到形状区域命令按钮 ⬚，选择椭圆工具 ⬭，按住 Shift 键在三角形的上部绘制出一个正圆形，调整其到适当的位置，得到如图 10.86 所示的效果。

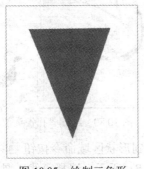

图 10.85　绘制三角形

图 10.86　绘制圆形

　　（5）单击添加图层样式命令按钮 *fx.*，在弹出的菜单中选择"渐变叠加"命令，设置其对话框如图 10.87 所示。单击"确定"按钮，得到的效果如图 10.88 所示。按同样的方法，在刚刚选择的对话框中选择"描边"命令，设置其对话框如图 10.89 所示，得到的效果如图 10.90 所示。

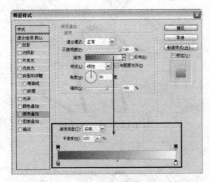

图 10.87　"渐变叠加"对话框

图 10.88　渐变后的效果

提示

　　"渐变叠加"命令对话框中的渐变颜色条的颜色值分别为 B13784 和白色。"描边"命令对话框中的颜色块的颜色值为 B13784。下面为单个羽毛增加螺旋图像。

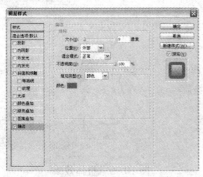

图 10.89　"描边"对话框

图 10.90　描边后的效果

（6）选择自定形状工具 ，并在其工具选项条上单击形状图层命令按钮 ，单击"形状"右边的下拉小三角按钮 ，在弹出的菜单中选择如图 10.91 所示的图案。

（7）在如图 10.92 所示的位置绘制一个螺旋状的图形，得到"形状 3"。选择直接选择工具 ，在螺旋形状上单击，拖动其锚点调整螺旋形的宽度，如图 10.93 所示。按照同样的方法将整个螺旋形状调整至如图 10.94 所示的效果。

图 10.91　自定义形状

图 10.92　绘制图形

图 10.93　编辑图形

图 10.94　调整图形

（8）按住 Shift 键单击"形状 2"和"形状 3"图层，按 Ctrl+E 组合键执行合并图层操作，得到一个新的图层为"形状 3"。

（9）按 Ctrl+T 组合键调出自由变换控制框，按住 Shift 键拖动变换控制句柄进行缩放，逆时针旋转 25 度左右，得到的效果如图 10.95 所示。显示"形状 1"图层，得到的效果如图 10.96 所示。

图 10.95　旋转后的效果　　　　　　　　图 10.96　整体效果

提示
　　前面已经制作出了孔雀的尾巴图像，为了丰富图像内容，下面将利用色彩调整命令，分别为各个羽毛图像进行调色。下面制作五彩羽化。

　　（10）按 Ctrl+Alt+T 组合键调出复制变换控制框，将复制变换控制框的中心点移到右下角，如图 10.97 所示。将其顺时针旋转 38 度左右，按 Enter 键结束操作，得到的效果如图 10.98 所示。按 Shift+Ctrl+Alt+T 组合键 4 次，执行连续变换复制操作，得到的效果如图 10.99 所示。

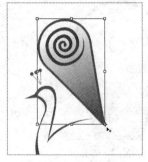

图 10.97　移动中心点　　　　图 10.98　复制图像　　　　图 10.99　连续复制后的效果

　　（11）选择"形状 3 副本"图层，单击创建新的填充或调整图层命令按钮 ，在弹出的菜单中选择"色相/饱和度"命令，得到"色相/饱和度 1"。按 Ctrl+Alt+G 组合键执行创建剪贴蒙版操作，设置其面板如图 10.100 所示，得到的效果如图 10.101 所示。

　　（12）按上面的操作方法，分别选择其他 4 个羽毛图像所在的图层，并使用"色相/饱和度"命令为其调色，直至得到如图 10.102 所示的效果为止。

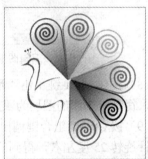

图 10.100　"色相/饱和度"面板　　图 10.101　调色后的效果　　图 10.102　调整其他图像颜色后的效果

（13）设置前景色为 FFE200，选择椭圆工具 ，并在其工具选项条上单击形状图层命令按钮 ，按住 Shift 键在"扇形"的中间处绘制一个正圆形，如图 10.103 所示。

（14）单击添加图层样式命令按钮 *fx*，在弹出的菜单中选择"描边"命令，设置其对话框如图 10.104 所示，得到的效果如图 10.105 所示。

图 10.103　绘制圆形

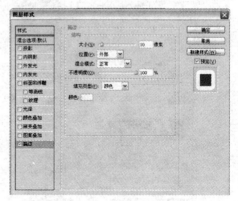

图 10.104　"描边"对话框

提示
　　下面添加画面中的文字图像，完成制作。

（15）选择横排文字工具 T，在其工具选项条上设置适当的字体、字号和颜色，输入如图 10.106 所示的文字。

图 10.105　描边后的效果

图 10.106　输入文字

（16）单击添加图层样式命令按钮 *fx*，在弹出的菜单中选择"投影"命令，设置其对话框如图 10.107 所示，同时选择对话框中的"渐变叠加"命令，设置其对话框如图 10.108 所示，单击渐变颜色条弹出"渐变编辑器"对话框，其设置如图 10.109 所示，得到的效果如图 10.110 所示。

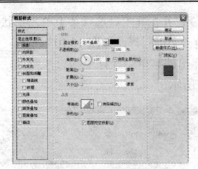

图 10.107　"投影"对话框

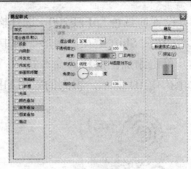

图 10.108　"渐变叠加"对话框

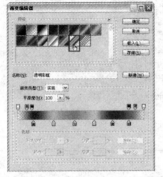

图 10.109　"渐变编辑器"对话框

图 10.110　添加图层样式后的效果

如图 10.111 所示为本例的整体效果，对应的"图层"面板如图 10.112 所示。

图 10.111　最终效果

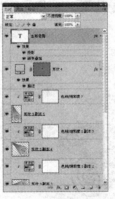

图 10.112　"图层"面板

10.6　练　习　题

1. 结合绘制图形、图层样式及调整图层功能，制作得到如图 10.113 所示的标志作品。在制作过程中，应注意把握曲线图形的平滑度。

2. 结合绘制图形、渐变填充及图层样式功能，制作得到如图 10.114 所示的标志作品。在制作过程中，应注意把握标志的造型。

图 10.113　标志 1　　　　　　　　　　　　　　　　图 10.114　标志 2

　　3. 结合编辑文字图形、绘制路径、渐变填充及图层样式功能，制作得到如图 10.115 所示的标志作品。在制作过程中，应注意把握标志的图形造型。

　　4. 结合绘制路径、渐变填充、调整图层及图层蒙版功能，制作得到如图 10.116 所示的标志作品。在制作过程中，应注意把握标志的维度。

图 10.115　标志 3　　　　　　　　　　　　　　　　图 10.116　标志 4

反侵权盗版声明

电子工业出版社依法对本作品享有专有出版权。任何未经权利人书面许可，复制、销售或通过信息网络传播本作品的行为；歪曲、篡改、剽窃本作品的行为，均违反《中华人民共和国著作权法》，其行为人应承担相应的民事责任和行政责任，构成犯罪的，将被依法追究刑事责任。

为了维护市场秩序，保护权利人的合法权益，我社将依法查处和打击侵权盗版的单位和个人。欢迎社会各界人士积极举报侵权盗版行为，本社将奖励举报有功人员，并保证举报人的信息不被泄露。

举报电话：（010）88254396；（010）88258888
传　　真：（010）88254397
E-mail：　dbqq@phei.com.cn
通信地址：北京市万寿路 173 信箱
　　　　　电子工业出版社总编办公室
邮　　编：100036